U0392528

7×24小时
在线解码动物密语
动物解码大师 是如何一路养成的？
动物百科讲解 能让你成为“行走的动物百科全书”？
AI动物翻译官 是怎样读懂动物秘密的呢？
动物密语加载中…
即刻解码 知识爆棚！
微信/抖音扫码添加
AI动物翻译官

你好，动物翻译官

伪装的动物不难找

赵序茅 著

SPM 南方传媒 | 广东人民出版社
·广州·

Preface
前言

动物是名副其实的伪装大师。动物的伪装之所以能发展到登峰造极的地步，是因为在动物王国中，所有生命都日复一日地生活在“吃”与“被吃”的境况里。生存并非易事，猎手们时刻惦记着如何轻松地捕到猎物，而猎物们总想着怎样躲避天敌的追杀。猎手和猎物之间不光是力量、速度等“硬实力”上的对抗，在形态和体色等“软实力”上，它们也一直在进行着微妙的斗争。

无论是强大的猎手还是柔弱的被捕食者，它们都在想尽办法让自己“隐身”，从而“先发制人”或有效地躲避天敌。而动物身上的保护色就是一种很好的“隐身衣”。保护色是指动物的体色与背景环境相近，从而达到隐蔽效果。掠食者拥有保护色就可以悄无声息地接近猎物，大大提高捕猎成功率；而被捕食者具有保护色则可以避免被天敌发现，躲过追杀。

拟态则是更高级的“伪装”，是指一种生物在外形、色彩，甚至行为上模仿另一种生物或非生物体，从而使自己得到好处的现象。从模拟对象上看，拟态可分为模拟环境物和模拟动物两大类。模拟环境物的拟态生物，其模仿对象是生存环境中的植物叶片、枝条、花或其他不动的物体，这点和保护色有异曲同工之妙。动物为了欺骗可能的掠食者或猎物，将自己扮成无法食用或那些不具有生命特征之物，诸如树枝、叶子、石头或鸟粪等，让对手误以为自己是一种没有吸引力或是无害的物体。模仿动物的拟态生物则以其天敌所惧怕的动物，如猛禽、蛇、有毒昆虫等为模拟对象，这种模仿包括外形、色彩、气味，甚至还包括模拟动物的动作行为。如雪豹、蜥蜴等动物，都具备保护色，但是拟态在多数情况下是一些弱小的、较为低等的动物的自我保护方式。

伪装的最高境界是“欺骗”，一直以来，生物学家对于动物界的欺骗现象都感到迷惑不解。欺骗应该会破坏动物之间的信任，然而在进化过程中，自然选择更偏向于那些会“撒谎”的个体。举例来说，非洲的叉尾卷尾通常会在危险来临时向同类发出警报，但有的时候，它们也有可能会发出假警报来赶走同类，从而独享美食。这样一来，欺骗同类的叉尾卷尾就能占有更多的食物、哺育更多的后代。相比之下，那些“诚实”的叉尾卷尾就没有足够的食物来哺育更多的后代了。而当假警报行为变得普遍之后，自然选择就会更倾向于那些不容易受骗的叉尾卷尾。也就是说，在部分动物种群中，谁越善于欺骗，谁就越能拥有繁衍的优势，因为说谎者能够靠欺骗而获得食物；同样，越快察觉欺骗行为，也越有利于生存，因为能够避免被欺骗。

我庆幸自己从事动物生态这一专业研究，看到了日常生活不曾触及的地方，让我知道了自己的渺小，大自然才是智慧的源泉。动物存在了上亿年，上亿年的生存智慧，不是只存在了几百万年的人类所能彻底领悟、消化的。然而，人类常常自以为是，以为自己就是世界的主宰，可以掌控地球上物种的生杀大权。殊不知，放在地质年代，我们连过客都不算，放在宇宙时空，我们不过一粒尘埃。

目录

CONTENTS

黑腹沙鸡“调虎离山”

《西游记》第五十三回：“你听老孙说，我本待斩尽杀绝，争奈你不曾犯法，二来看你令兄牛魔王的情上。先头来，我被钩了两下，未得水去。才然来，我是个调虎离山计，哄你出来争战，却着我师弟取水去了。”

唐三藏一行路过女儿国，误饮子母河的水而怀孕。孙大圣去找落胎泉。不料守护这落胎泉的如意真仙原来是牛魔王的弟弟，其为给侄子红孩儿报仇，拒不让大圣取水。于是大圣采取调虎离山之计，自己和如意真仙缠斗，让沙僧取水。

孙大圣这“调虎离山”虽然用得娴熟，可并非他原创。

动物小档案

- 学名：黑腹沙鸡
- 门：脊索动物门
- 纲：鸟纲
- 目：沙鸡目
- 科：沙鸡科
- 属：沙鸡属

调虎离山之计，我深有感触，只不过我是那中计者。

我曾一个人行走在戈壁滩上，烈日炙烤着大地，我不敢过多停留。突然间，平地里一只大鸟，从我头顶飞过。之前，我竟然丝毫没有觉察。看着它从空中划过，短暂而美丽。飞过的瞬间，我已经识别出它的身份——沙鸡。

沙鸡虽然名字带有“鸡”，体型也像鸡，尤其是嘴型，但那仅仅是外表。“鸡”不可貌相，沙鸡与鸡类的亲缘关系较远，而与鸠鸽类的亲缘关系较近。

它栖息于山脚平原、草地、荒漠和多石的原野。

唐代诗人李贺的《潞州张大宅病酒，遇江使，寄上十四兄》有“莎老沙鸡泣，松干瓦兽残”这样的诗句。明朝谢肇淛在《五杂俎·物部一》中也曾对沙鸡专门进行描述：“万历间，京师市上有鸟大如鸜鹆，毛色浅黄，足五趾，有细鳞如龟状。名曰沙鸡。云自塞外至者，其味亦似山雉。”

看来，“沙鸡”这个名字由来已久，在明朝，沙鸡甚至已经走上了市场、餐桌。

谢肇淛并没有说清此沙鸡是哪一种，哦，不对，他们那个年代还没有动物分类学，也不知我们见到的是不是同一种。我看到的是黑腹沙鸡，最典型的特征是其胸部有一条黑色的环带。

突如其来的邂逅让我难以忘怀，我之前一直在关注周围，为何没有看到它呢？

原来这黑腹沙鸡穿着一身“迷彩服”，它通体为淡沙黄色，和周围戈壁的颜色非常接近。身体上的斑纹镶嵌在沙黄色的基底上，和军队沙漠迷彩服的原理如出一辙，杂色增加了识别的难度。

身穿“迷彩服”

黑腹沙鸡头顶有细的黑褐色纵纹，背部、腰部和尾上覆羽有黑褐色的斑纹，多为横斑，活生生一个沙漠特种兵战士。黑腹沙鸡身上的保护色和周围环境融合在一起，这是它们躲避天敌的法宝。

我决定追随它的足迹，再睹那矫健的身姿、美丽的容颜。我知道它就在前方不远处，当我拿出12倍的望远镜朝它落下的地方搜索，却一无所获。世界上最远的距离，不是生离死别，而是它就在附近，我却无法察觉。就当我准备放弃的时候，它突然又从平地里窜了出来。我往前走了几步，它再次从我身边飞起，又在不远处落下。

对黑腹沙鸡来说，这很危险，万一我是猎人，它很有可能会死于非命；就算我不是猎人，它这样来回折腾，也是极为消耗体力的。我隐隐感到，这只沙鸡的举动如此反常，一定有“不可告人的秘密”！

还要赶路，我只得暂时放弃追踪黑腹沙鸡的计划。由于之前被黑腹沙鸡“带偏”了，我慢慢找到原来的路，继续前行。就在此刻，地面上一个蓬松的土坑引起了我的注意。这土坑有一个巴掌那么大，位置很随意。我弯下腰，发现里面竟然有3颗卵，卵为土黄色，带有绿色的斑点，和周围的环境极为协调。如果不注意，我很有可能一脚踩在上面。

◀ 黑腹沙鸡卵

此刻，我恍然大悟，这里是黑腹沙鸡的巢！刚才的黑腹沙鸡故意在我面前出现，并且反方向带我离开它的巢区。原来，它是通过这种方式来保护自己的巢穴！好一个调虎离山，如果不是我回到原路，就真的“中计”了。

黑腹沙鸡为了自己的后代，敢于以自己为诱饵，迷惑“天敌”，这是一种怎样的勇气和智慧！身为人类的我肃然起敬，此刻唯一能为它做的就是赶紧离开，离开它的巢区。如果当年蒲松龄遇见的是黑腹沙鸡而不是狼，他是否还会发出“禽兽之变诈几何哉”的感触呢？

★★★★★★

人类所谓的智慧都是人类自己创造的吗？就拿“调虎离山”来说，有没有可能一位祖先很早之前遇见黑腹沙鸡，遭遇了和我一样的情景，从而顿悟，想到“调虎离山”这一计谋？如果从生命的进化先后顺序上讲，这完全有可能。

鸟类翱翔天地，不知几百万年之后，人类的祖先才慢慢走出森林，过着茹毛饮血的生活，直到近万年来，人类才慢慢有了文字，记载过去的历史。从这个层面看，只有人类向鸟兽学习的份儿，断无鸟兽学人之理。很多人觉得，鸟兽不能言语、没有计谋，人类不免太过骄傲了。

雅典娜的小鸮

商朝有位贤臣叫比干，他是商纣王的叔叔，据史料记载，纣无道，暴虐荒淫，鱼肉百姓，比干叹曰："主过不谏非忠也，畏死不言非勇也，过则谏不用则死，忠之至也。"于是比干到摘星楼强谏商纣王，试图让其有所改观。商纣王很愤怒，残忍地将比干的心脏挖出来。比干死后，名声得以彰显，被称为"亘古忠臣"，受到后世敬仰。

同样在商朝，有一种鸟名鸮，也就是我们今天所说的"猫头鹰"，它和比干的命运却大相径庭。比干是生前受罪身后荣，而鸮是在商朝受到尊崇,其后受到贬低。

鸮在商朝的地位可以从出土的文物中寻找答案。

1976 年，考古学家在河南安阳西北郊小屯的妇好墓中发掘了一对鸮尊。妇好是商第二十三位王武丁的第一位妻子。《史记·殷本纪》有"武丁修政行德,天下咸欢,殷道复兴"的记载，也就是著名的"武丁中兴"，妇好正是这场中兴的主角之一。

商妇好鸮尊

★★★★★★

商妇好鸮尊通高 45.9 厘米，口长 16.4 厘米，总重 16.7 千克，呈昂首挺胸，头顶羽冠，双足与垂尾共为三点支撑。鸮头后部为盖，盖上立鸟与夔龙兼作盖钮。鸮尊纹饰极尽华丽，通体装饰了兽面纹、蝉纹、夔龙纹、盘蛇纹、鸮纹等多种纹饰。口内铸铭文“妇好”。

这鸮尊是干什么用的呢？

如果说后母戊大方鼎是青铜时代留下的第一“祀”器，那么妇好鸮尊则堪称第一“戎”器。

在殷墟出土过很多鸟兽铜尊，往往只有在规格较高的墓葬中才会有鸮尊。我们不妨查一查商代的金文以及后世演变的籀文，看看“商”字，即鸱鸮锐目之造型——正所谓“鸱目虎吻”“鸱视狼顾”，这不但道出了鸱鸮与商朝的不解之缘，也解释了妇好墓为什么会随葬鸮尊了。（鸱与鸮都是古代对鹞鹰或猫头鹰的称呼。）

在商朝，鸮被推崇为“战神鸟”，是克敌制胜的象征。妇好曾多次出征，自然对鸮“情有独钟”。

鸮在商朝受到极大推崇，而商朝灭亡，鸮也跟着受了“非议”。在中国古代青铜器中，鸮纹大部分见于商代后期，到了西周，青铜器上几乎就没有了鸮纹。

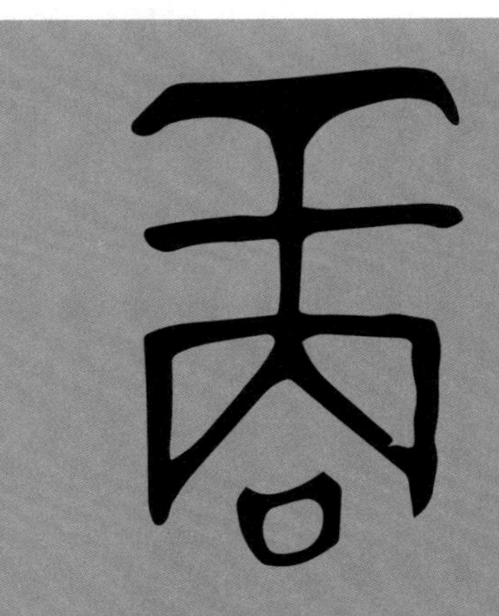

商代金文中的“商”字

《说文解字》中籀文“商”字

《诗经·豳风·鸱鸮》

鸱鸮鸱鸮，既取我子，无毁我室。恩斯勤斯，鬻子之闵斯。

迨天之未阴雨，彻彼桑土，绸缪牖户。今女下民，或敢侮予？

予手拮据，予所捋荼。予所蓄租，予口卒瘏，曰予未有室家。

予羽谯谯，予尾翛翛，予室翘翘。风雨所漂摇，予维音哓哓！

据说，这首诗是周文王的儿子周公旦写给周成王的。诗中的猫头鹰成了“毁人房屋”的恶鸟，彻头彻尾地被“黑化”，鸮在人们心中的文化地位也随之一落千丈。直到今天，民间还有一句谚语：“夜猫子进宅，无事不来。”夜猫子就是指猫头鹰，被许多人视为不祥之鸟。

▲纵腹纹小鸮

其实，现实中猫头鹰是一种益鸟，它们通过捕猎中小型啮齿类动物，一直在维持生态平衡，造福人类。然而，猫头鹰的“功绩”并不为众人所知，在一些文学作品或民间传说中甚至被“抹黑”，这或许和它自身的习性有关。

猫头鹰属于夜行性猛禽，一般多在夜间捕猎，白天则躲起来休息。因此，一般人很难见到其活动轨迹，不免把这样的动物“妖魔化”。即便在白天，由于猫头鹰出色的隐身能力，一般人想要目睹其真容，也绝非易事。

动物小档案

- 学名：纵纹腹小鸮
- 门：脊索动物门
- 纲：鸟纲
- 目：鸮形目
- 科：鸱鸮科
- 属：小鸮属

2021 年 12 月，我前往西藏昌都类乌齐马鹿国家级自然保护区考察，在当地牧民的房屋下，我近距离接触到了一只小猫头鹰。

野外调查返回途中，我们的车经过一处牧民的定居点。这里的房子属于典型的藏式木屋，屋檐下挂着牧民晾晒的牛羊肉，院墙上贴满一片片黑色的“圆饼”，走近一看，原来是一坨坨牛粪——当地牧民把牛粪晾在墙上，等干透后当作燃料。

我们打算在此稍作停留，吃点儿干粮，下午继续进山调查。我猛然抬头，不经意间看到屋檐下有一个立起来的褐色的“圆球”。在好奇心的驱使下，我轻轻推开车门，往前走了几步，发现是一只纵纹腹小鸮，正躲在牧民的屋檐下休息。

▲ 在古希腊传说中，纵纹腹小鸮是智慧女神雅典娜的爱鸟。它的拉丁学名为 Athene noctua，正是“雅典娜的小鸮”之意

纵纹腹小鸮广泛分布在中国长江以北的区域，少部分见于西藏南部与云南西部。这是一种体型较小的猫头鹰，它的体长为 21~23 厘米，翅膀张开，翼展可达 54~58 厘米，体重仅有 140 克左右。纵纹腹小鸮没有耳簇，它的面部有一对柠檬黄的大眼睛，在眼睛的上方有浅色而平的“眉毛”。

如果不是偶然的对视，我怎么也不会发现它的存在。它身上的羽毛和旁边的木头纹理极为相似，加上躲在黑暗的角落，很难被发现。

纵纹腹小鸮长着暗灰褐色的、图案复杂的羽毛,是一件绝妙的“隐身衣”，可以帮助它完美地与周围环境融为一体。它的“隐身衣”在人类居住的环境要稍微逊色，如果是在森林中，它羽毛上的碎斑与粗糙的树皮简直一模一样，几乎没有人能够注意到它的存在。即便有人走过，它也懒得动一动，这种安全感就来自那一身和环境融为一体的保护色。

纵纹腹小鸮虽然也是夜行性动物，但它并非是纯粹的“夜猫子”，它偶尔也会在白天活动。我悄悄靠近，它竟然没有一丝觉察。

纵纹腹小鸮白天的视力较差，它们是“暗夜精灵”，周围越是光线微弱，越能发挥其视觉的优势。这是由于它们的眼睛有着独特的构造——视网膜上视杆细胞的密度很大，可以增强在黑暗环境中的捕光能力。鸮形目鸟类对弱光的敏感度比人类要高 10—100 倍。

我又往前走了一小步，引起了它的警觉。眼前的这只纵纹腹小鸮开始上下浮动身体，并开始曲线转头。这说明它已经发现并开始关注我。而后，它的身体收紧，瞪大眼睛。可能我的到来使它受到了惊吓。它猛烈地上下起伏，展开翅膀飞走。不过，并没有飞远，而是停留在路边的一根木桩上。

★★★★★★

纵纹腹小鸮住在山地树林中，在天然形成的岩缝或树洞中建造巢穴。它既是小型动物的杀手，又是其他较大食肉动物的猎物。

自然界中鸮的隐身，可以使其左右逢源，人类社会中又何尝不是如此？当你弱小的时候要学会低调，这样就不会暴露自己，减少不必要的风险；当你强大的时候，依旧需要低调，把自己隐藏起来，可以获得更多“出击”的机会。

欧夜鹰的"隐身术"

小学四年级的时候学过一篇课文——《夜莺的歌声》，里面有这样的描写："夜莺的歌声打破了夏日的沉寂。这歌声停了一会儿，接着又用一股新的劲头唱起来。"

因为读音相同，所以人们常常把"夜莺"与"夜鹰"混淆。一字之差，谬以千里。夜莺属于雀形目，而夜鹰属于夜鹰目。我想来说一说夜鹰中的欧夜鹰。

▲ **欧夜鹰的拉丁文名为 Caprimulgus-europaeus，在拉丁语中的意思为"喝羊奶"，这起源于欧洲的一个古老神话，说欧夜鹰会吸吮山羊的奶。当然，现实中欧夜鹰是不会如此的**

动物小档案

- **学名：欧夜鹰**
- **门：脊索动物门**
- **纲：鸟纲**
- **目：夜鹰目**
- **科：夜鹰科**
- **属：夜鹰属**

欧夜鹰，名字里的"欧"暴露了它的出身。欧夜鹰的模式产地在欧洲，所谓的模式产地是指这个物种最先被科学家发现、命名的地方。不过，欧夜鹰的活动范围不止于欧洲，它们繁殖于欧洲、亚洲北部及非洲西北部（迁徙至撒哈拉以南非洲越冬）。它们在中国比较罕见，仅活动于新疆荒漠地区。

欧夜鹰名字里的“夜”字，表明了欧夜鹰的习性，它们多在黄昏和夜晚活动，尤其是黄昏的时候最为活跃。很多夜行性的鸟类依靠听力和回声定位，而欧夜鹰不是，它依靠大大的眼睛在夜间定位。科学家发现，某些种类的欧夜鹰的眼睛里含有“小油滴”，这些“小油滴”有助于它们在空中飞行时提高视觉敏锐度。其捕食方式类似于楼燕，以空中飞舞的蚊虫、飞蛾、甲虫等为食。欧夜鹰的嘴形态独特，短而宽,嘴须和眼羽形成网状“捕虫器”。鸥夜鹰体羽轻柔，翅尖长，在飞行的时候，轻快而无声响。

说到欧夜鹰就不得不说它中国的一个近亲——中亚夜鹰，1929 年，英国博物学家弗兰克・卢德洛在新疆塔克拉玛干沙漠西南角一个被称作固玛的地方（今皮山县境内）采集到了一只成年雌性夜鹰标本，其体型比常见的欧夜鹰略小，羽色稍暗。弗兰克将其命名为“埃及夜鹰”。1960 年，美国著名鸟类学家查尔斯・沃里在对古北界鸟类进行系统分类整理过程中，发现这只夜鹰标本的体型比埃及夜鹰明显小很多，并且飞羽形态与埃及夜鹰存在明显差异。于是，他将其定为一个新种，名为“中亚夜鹰”。可是，此后中国的鸟类学家经过长达 50 余年的寻找，始终没有再找到中亚夜鹰。由此，在鸟类学上，中亚夜鹰成为跨世纪悬案。

★★★★★★

《太平广记》中有一则故事："李仲甫者。丰邑中益里人也。少学道于王君，服水丹有效，兼行遁甲，能步诀隐形，年百余岁，转少。初隐百日，一年复见形，后遂长隐，但闻其声，与人对话，饮食如常，但不可见。"这个叫李仲甫的人，隐身之前需要服用丹药才可以，相比之下，欧夜鹰的隐身方式更为便捷，它不需服用任何东西。

但凡在夜间活动的鸟类，白天大多是"近视眼"，是否能躲避天敌成为它们能否活下去的关键。即便是猫头鹰这种猛禽，白天也时常会受到乌鸦、喜鹊的欺负，更别提欧夜鹰了。不过欧夜鹰白天会"隐身"，它们随便躲在地面上、树枝间，你就发现不了。

为了探究欧夜鹰白天的避敌之策，我曾经专门寻找过它。最终遇见它时，司机还说它像一摊晒干了的牛粪。哪有这么漂亮的牛粪呀？不过，欧夜鹰的伪装色的确能够以假乱真，隐蔽性是无与伦比的。森林中的落叶交错相叠，而它静静地趴在树下，羽毛的斑纹和枯枝败叶融为一体，要不是富有经验的内行引领，别人几乎看不到它的存在。

人类利用好多高科技手段，也很难达到完全隐身的效果，欧夜鹰又是如何做到的呢？在隐身方面，不得不说，它是李仲甫的"前辈"。

▲卧在枯枝腐叶间的欧夜鹰，你很难发现它

一个特定目标在一定环境背景下能被肉眼清楚地辨别，主要是由于目标与背景的颜色有差别，差别越大越明显。物体的颜色来自它对可见光的选择性吸收或选择性反射。反射光谱有差别，颜色就会有不同。欧夜鹰身上的色彩、斑纹和周围的环境极为相似，这样就消除或者缩小了目标与背景之间的差别，降低了目标的显著性。这便是隐身的奥秘。

★★★★★★

那么隐身术是否有可能被破解呢?

继续来看《太平广记》:“有书生姓张，从学隐形术，仲甫言卿性褊急，未中教。然守之不止，费用数十万，以供酒食，殊无所得。张恚之，乃怀匕首往。先与仲甫语毕，因依其声所在，腾足而上，拔匕首，左右刺斫。仲甫已在床上，笑曰:‘天下乃有汝辈愚人，道学未得，而欲杀之。我宁得杀耶?我真能死汝。但恕其顽愚，不足间耳。’”这里书生想学隐身术不成，心生恶念，去谋杀仲甫而不成。

论防御能力，相比李仲甫，欧夜鹰可弱得多了。

对于欧夜鹰来说，隐身并不是万能的，尤其是在繁殖期，常造成“家破鸟亡”的后果。欧夜鹰营巢于植被稀疏的河滩乱石沙地上，为简陋的浅窝状，没有铺垫和遮蔽。雌鸟卧巢期间紧闭双眼，如蛰伏状。虽然伪装得极好，可是一些动物包括人类会无意中从此经过，此时的欧夜鹰过分迷恋自己的隐身术，也不去躲避，因而容易被发现。

值得一提的是，相比于自然的破坏，欧夜鹰最大的威胁来自于人类，人类大量使用杀虫剂等,破坏了其栖息地,为欧夜鹰的种群带来了极大伤害。

动物小档案

- 学名：叉尾卷尾
- 门：脊索动物门
- 纲：鸟纲
- 目：雀形目
- 科：卷尾科
- 属：卷尾属

叉尾卷尾“智取生辰纲”

《水浒传》第十六回讲述了晁盖等人智取生辰纲的故事。话说，梁中书要给岳父蔡京置办生辰纲，让杨志负责押运。吴用和晁盖等一行人商定计策准备智取生辰纲，他们装扮成贩枣的商人，在黄泥岗遇着了杨志一行。吴用事先安排白胜装扮成酒贩子沿路叫卖。在精心设计下，杨志等人耐不住炎热饥渴，买了酒喝。不料，酒中被下了蒙汗药，杨志等人一个个晕倒，晁盖一行人不费吹灰之力劫走了生辰纲。

这打家劫舍的行为不仅人类中有，鸟类中也存在。晁盖等人只劫了一次生辰纲，就遭到朝廷的通缉，被逼到梁山落草为寇，而有种鸟儿一辈子都在“打劫”，还屡试不爽。此鸟正是叉尾卷尾，主要生活在非洲中南部地区，和中国的卷尾是近亲。

叉尾卷尾经常能够成功窃取其他鸟的“生辰纲”，这得益于叉尾卷尾的一项绝活——特别擅长模仿其他鸟的报警声。只要是它经常听的鸟鸣，无一不模仿得惟妙惟肖。据科学家统计，叉尾卷尾可以模仿多达32种鸟类的报警声。叉尾卷尾不是口技爱好者，它模仿其他鸟的报警声也不是为了耍酷，而是要实现它的终极阴谋——抢劫。这抢劫可

是一门“技术活”，就拿《水浒传》中的“智取生辰纲”来说，在“智多星”吴用的精心策划下，一行人分以下几个步骤进行，可谓环环相扣、步步惊心。

第一步：摸清路线，江湖术语叫“踩点”。之前公孙胜、刘唐准确摸清了押运生辰纲的时间、路线，以及护送人员名单，为后期行动做好了准备。

第二步：伪装自己，降低对手的警惕性。晁盖等人装扮成客商，在杨志的必经之地黄泥岗等候。

第三步：投其所好，看准时机下手。吴用抓住杨志因天气炎热而口干舌燥的机会，故意让白胜贩酒从路上经过，经不住诱惑的杨志果然就上当了。

◀ 容易被叉尾卷尾欺骗的斑鸫鹛

叉尾卷尾的“抢劫”也大概分为这几步，不过比起吴用来，它显得更加高明。来自南非开普敦大学的汤姆·福劳尔通过在非洲卡拉哈里沙漠对64只野生叉尾卷尾的日常行为进行持续观察，终于破解了叉尾卷尾的抢劫套路，并且将其研究成果发表在国际著名学术期刊《科学》上。

第一步：踩点。叉尾卷尾会首先选择目标，每天用四分之一的时间来进行准备工作——跟随。它平日里喜欢跟在斑鸫鹛的身后，在跟踪的过程中，叉尾卷尾会破解目标对象的警报声，并进行模仿。

第二步：伪装自己，降低对手的警惕性。找到目标斑鸫鹛后，当斑鸫鹛的天敌出现时，叉尾卷尾便立即发出报警声。被跟随的斑鸫鹛听到了叉尾卷尾的报警信号，成功

逃避天敌。经过一段时间的磨合，斑鸫鹛认识到身后的叉尾卷尾是一只“好鸟”，可以帮助自己预报天敌。有了叉尾卷尾的协助，斑鸫鹛就可以用更多的时间去寻找食物了。

第三步：行动。取得了斑鸫鹛的信任，叉尾卷尾就已经成功了一大半。之后，当发现斑鸫鹛找到绝佳的美味时，“阴谋家”叉尾卷尾果断开启了忽悠模式：发出虚假的报警信号。果不其然，斑鸫鹛闻声惊惶逃窜，于是叉尾卷尾便得意地走上前去，将被斑鸫鹛匆忙丢下的食物据为己有，从而享用一顿免费美餐。

俗话说得好，再一再二不能再三，难道它的欺诈行为就不会被识破吗？实际上，斑鸫鹛在连续上当两次后，一般会自动忽略同一类型的报警声，但它还是敌不过叉尾卷尾这个“欺骗大师”。叉尾卷尾因为模仿能力强，在连续两次发出同一物种的报警叫声之后，第三次则会换成另一物种的报警声，这种“组合报警”的方法会让斑鸫鹛继续“中招”。另外，叉尾卷尾虽然会用虚假警报骗取食物，但有时也会发出真的警报。这种有真有假且灵活多变的“战术性欺骗”策略，说明叉尾卷尾很可能拥有类似于心智理论所认为的复杂认知能力。

纵然叉尾卷尾如此精明，但一只叉尾卷尾每天通过欺诈行为获取的食物能量也仅占据其总摄取能量的23%，大部分食物还是要靠自己努力寻找。看来，想要靠欺骗生存，是绝对行不通的。

超级模仿秀“达人”

黑背刺嘴蜂鸟

动物小档案

- 学名：刺嘴蜂鸟
- 门：脊索动物门
- 纲：鸟纲
- 目：雨燕目
- 科：蜂鸟科
- 属：刺嘴蜂鸟属

蜂鸟的模仿秀

《水浒传》第三十九回："吴用已思量心里了。如今天下盛行四家字体，是苏东坡、黄鲁直、米元章、蔡太师四家字体。苏、黄、米、蔡，宋朝四绝。小生曾和济州城里一个秀才做相识，那人姓萧名让。因他会写诸家字体，人都唤他做圣手书生；又会使枪弄棒，舞剑抡刀。吴用知他写得蔡京笔迹……"

这里讲的萧让，因擅长模仿各家字体，被称"圣手书生"。宋江被捉到江州后，吴用献计让萧让伪造蔡京的文书，以救宋江，这份伪造文书几乎以假乱真。

在鸟界，也有一位著名的模仿大师堪比萧让，它就是刺嘴蜂鸟，擅长模仿其他鸟类的鸣叫声。蜂鸟家族中的刺嘴蜂鸟是超级模仿秀"达人"，它会模仿知更鸟、食蜜鸟、玫瑰鹦鹉等鸟类的警报声。尽管它模仿得不是十分精准，但足以以假乱真。

吴用让萧让模仿蔡京的字体是为了营救宋江，那刺嘴蜂鸟模仿其他鸟类的叫声是为了什么呢？

刺嘴蜂鸟是一种小型鸟类，防御力量不足，经常会面临天敌的威胁。在长期的适应进化中，为了保护自己以及孩子，它们演化出惊人的模仿天赋，可以模仿一些更厉害的鸟类来迷惑天敌，从而保护自己。

现实中，灰噪钟鹊是刺嘴蜂鸟的主要天敌，而猛禽类则是它们共同的天敌。每当有猛禽到来的时候，附近的小型鸟类如知更鸟、食蜜鸟、玫瑰鹦鹉等，都会发出警报声，听到彼此的警报声后，它们便逃之夭夭。虽然这些小鸟种类不同，可是它们都可以识别出彼此的警报声。比如，有猛禽到来，灰噪钟鹊听到附近其他鸟类的警报声就会立即逃走。

▼ 灰噪钟鹊

现实中，刺嘴蜂鸟又是如何模仿这些警报声，来保护自己的呢？

要想弄清事情的真相，实验是必不可少的手段。澳大利亚国立大学的生物学家布拉尼斯拉夫·伊吉奇和同事设计了一个巧妙的实验，揭开了刺嘴蜂鸟的“惊人骗局”，并将研究结果发表在了国际著名期刊《英国皇家学会会刊B》上。

实验开始，研究人员用鸡毛做了一个假的刺嘴蜂鸟巢，把其天敌灰噪钟鹊放在附近，并播放提前录好的刺嘴蜂鸟模仿的警报声。结果显示，听到这个假警报后，灰噪钟鹊受到了影响，虽然它没有立即逃走，但是明显分神了。而数据显示，刺嘴蜂鸟发出一种假警报声就可以分散灰噪钟鹊 8.3 秒的注意力。面对天敌，一秒钟几乎就可以决定生死，而灰噪钟鹊被分散注意力 8.3 秒，刺嘴蜂鸟是有充分时间逃离的。

紫背刺嘴蜂鸟

但这似乎还不够，刺嘴蜂鸟为了追求更逼真的效果，在天敌灰噪钟鹊接近的时候，竟然可以模仿好几种鸟类发出的警报声。常言道“三人成虎”，一个谣言说的人多了，容易让人们把其当作事实。同理，许多种小鸟都发出警报声，便能起到更好的迷惑效果。果不其然，当刺嘴蜂鸟模仿多种鸟类的警报声时，灰噪钟鹊分神的时间会增加近两倍，达到16秒之久。这样，刺嘴蜂鸟不仅自己可以更加从容地逃离，还可以为雏鸟离巢争取足够多的时间。

在随后的实验中，研究人员来到真正的刺嘴蜂鸟的鸟巢旁，并播放灰噪钟鹊的叫声录音。这时，听到录音的刺嘴蜂鸟立刻向同伴求助，而听到求助声的刺嘴蜂鸟立刻模仿其他鸟类的警报声，就好像在说：“厉害的敌人来了，灰噪钟鹊你快跑啊！”事实证明，这一招屡试不爽，灰噪钟鹊往往会上当。

但是，刺嘴蜂鸟为何要模仿那么多种鸟类的警报声？直接模仿天敌猛禽的声音，岂不是更直接有效？

这是因为猛禽的声音较大，比如鹰。鹰的声音比刺嘴蜂鸟的声音大75倍，模仿难度太大。更为关键的是，猛禽在捕食时并不出声，如果此时模仿其叫声的话，往往是画蛇添足、弄巧成拙了。

刺嘴蜂鸟表示：老鹰之类的，学不来学不来……

由此，不得不再说回《水浒传》里的故事。军师吴用让萧让模仿蔡京的字体，本来是天衣无缝，就连蔡京的女婿也没有看出丝毫破绽。谁知，吴用弄巧成拙，在称呼上搞错了，从而被小人黄文炳识破，功亏一篑。

相比之下，刺嘴蜂鸟要比吴用厉害多了，它厉害在哪里呢？

第一，凡事有备无患。刺嘴蜂鸟模仿一种鸟类的警报声就有机会逃跑，但为了安全起见，它会模仿多种鸟类的警报声，给自己更多选择的余地、逃跑的时间。

第二，知可为而为之，知不可为而不为。刺嘴蜂鸟深知自己无法模拟出猛禽类的叫声，所以绝不多此一举。

人类世界中，诚实是一种美德，值得提倡；而某些鸟儿，却只有通过“欺骗”才能更好地生存下去。看来，人类和动物各自拥有规则，真是很奇妙呀。

伪装成毛毛虫的鸟

你知道“快刀斩乱麻”这个成语的典故吗？南北朝时有一个叫高洋的人，他是东魏权臣高欢的二儿子。高洋小的时候非常聪明，有一次其父高欢拿出一团乱麻让他几个儿子整理，高洋的几个兄弟便埋头一点一点地整理，有的还把麻结成了疙瘩，急得满头大汗。而高洋却突然抽出刀，将乱麻砍断，很快便将麻整理好了，父亲对他大为高看。

可是，高洋长大一些，却换了副模样，智商如逆向发展一般，越来越愚钝，脸上整日挂着鼻涕，却不知擦拭。这个其貌不扬又举止木讷的少年，经常被兄弟们嘲笑愚弄，遭到轻视。其父高欢死后，高洋的哥哥高澄成为东魏丞相，不久后，高澄被人刺杀。令人想不到的是，此时高洋以迅雷不及掩耳之势平定了刺杀风波，大权独揽，紧接着内平诸乱、外攘四夷，成为北齐的开国皇帝。

在南美洲亚马孙河和巴西的大西洋沿岸森林里，生活着一种名叫烟灰悲雀的小鸟，烟灰悲雀的学名为栗翅斑伞鸟，是一种小型的雀类。这种小鸟和“快刀斩乱麻”故事中的高洋，竟有着类似的成长经历。

在繁殖期，烟灰悲雀一般会将巢建在约4米高、直径2~3厘米的小树上。大多数鸟儿的巢穴都很隐蔽，而烟灰悲雀的巢却

成年烟灰悲雀

位于相对开放的区域，下层林间植被很少。巢位于树杈上，由干燥的叶子堆砌而成，从外形上看像一个杯子，有些蓬松。鸟巢建好后，雌鸟便开始产卵，卵为淡黄色，重6克左右。

单从筑巢和孵化的过程来说，看不出烟灰悲雀和其他鸟儿有何不同。但不可思议的事情发生在雏鸟出壳后。

一般鸟儿出壳后，都是一身灰色的绒毛，而烟灰悲雀的雏鸟出壳后就身披亮橙色的羽毛。大多数鸟儿在雏鸟期的羽毛颜色都比较暗淡，多和周围环境的颜色接近，这样有利于避开天敌的捕杀。而烟灰悲雀雏鸟的亮丽羽毛，和它们的巢以及周围的环境格格不入，这势必十分危险。要知道，在自然界，橙色可是一种招摇的颜色，很容易被眼神好的天敌发现，比如猛禽和灵长类动物。

动物小档案

- 学名：栗翅斑伞鸟
- 门：脊索动物门
- 纲：鸟纲
- 目：雀形目
- 科：伞鸟科
- 属：斑伞鸟属

雏鸟时期的烟灰悲雀正处于生命中最脆弱的阶段，这个时候它们没有足够的能力应对天敌的袭击。更不利的是，相比同等大小的鸟儿，烟灰悲雀20天左右的育雏期，是有些偏长的。美国加州大学生物学家古斯塔表示，烟灰悲雀为了保证幼鸟的安全，必须不断改良它们的行为，成鸟每小时只给幼鸟喂食一次，这样能减少它们暴露的概率；而幼鸟并不会向成鸟乞食，因为它们无法辨认飞到窝边的是父母还是掠食者。

据资料显示，繁殖期间，烟灰悲雀的巢遭到破坏的概率高达80%。在重重压力下，烟灰悲雀雏鸟如何生存呢？

先来解读高洋的故事。高欢死后，高澄继承其位，身为兄弟的高洋自然成为其潜在的威胁。在古代，大位争夺，无不心狠手辣、罔顾亲情，手足相残之事比比皆是。高洋深谙此理，于是他开始装疯卖傻，一次次躲过其兄的试探和猜疑，保全了自己，才得以在其后抓住机会建功立业。

▲烟灰悲雀雏鸟在模仿毛毛虫

在长期的进化中，烟灰悲雀的雏鸟也有一套适应的策略。烟灰悲雀雏鸟长满了鲜亮的橙色长绒毛，毛的顶端为白色，从6日龄开始，雏鸟一旦受到外界干扰，它便慢慢地将头部从一边挪到另一边——从外表到行为特征，都和一只正在蠕动的毛毛虫非常相似。自然界中，颜色越鲜亮的毛虫有毒的可能性越高，掠食者容易将雏鸟误认为有毒毛虫，从而就不会攻击它们，烟灰悲雀就是使用这种伪装的方法来保护自己的。

值得一提的是，烟灰悲雀雏鸟这种伪装成其他动物的行为被称作贝氏拟态。

贝氏拟态是英国博物学家亨利·沃尔特·贝茨于1861年提出的，即“无毒物种可以在身体的色彩图案上模拟一种看似有毒或不可食的物种，或者在行为举止上模拟一个有毒的物种，以避免被捕食者吃掉”。绒蛾科毛虫以毒性而出名，烟灰悲雀在雏鸟阶段和绒蛾科毛虫的大小、形态及行为上有惊人的相似之处。这种神奇的拟态在鸟类中是非常罕见的。

★★★★★★★

历史上，高洋为了生存选择装疯卖傻，尽力展现自己的愚钝。鸟类中的烟灰悲雀雏鸟为了生存，将自己打扮成毛毛虫的样子。可以说，在生存面前，人与动物的努力是一致的。

褪色的红唇

春秋时期有一个著名的刺客叫要离，他为了完成刺杀庆忌的使命，不惜和吴王阖闾上演了一出苦肉计。要离让吴王砍断其右臂，以此来取得庆忌的信任，完成刺杀的目的。我在研究滇金丝猴的过程中，也发现了类似行为。那些青年猴为了取得主雄猴的信任，会改变嘴唇的颜色。

滇金丝猴是除了人类以外唯一拥有红唇的动物。人类中，很多女性涂口红来修饰容颜，展现自己的美貌和吸引力。那么，滇金丝猴的红唇是否也是一种吸引力的标志呢？这还需要从猴群中寻找答案。

动物小档案

- 学名：滇金丝猴
- 门：脊索动物门
- 纲：哺乳纲
- 目：灵长目
- 科：猴科
- 属：仰鼻猴属

▼ 滇金丝猴不同的唇色

在研究过程中，我发现，年龄越大的猴子，它的嘴唇越发红润。这是个例还是共性？很多时候，人类的肉眼识别能力不足以发现细微的差别，我只好把猴群中猴子们的面部特征全部拍下来，放到电脑中，通过专业软件来比对其中的差异。结果显示，群体中其他猴子也有类似现象：成年猴的嘴唇要红过青年猴。

难道是成年的公猴要通过红唇来吸引异性吗？

在滇金丝猴的社会里，雌性配偶的数量是衡量雄性魅力的一个标尺。我仔细观察了几个滇金丝猴家庭，那些长相“英俊”、嘴唇红润的公猴，都不是拥有配偶最多的。相比之下，配偶数量较多的大公猴有很多都其貌不扬，但它们孔武有力、身经百战，按照滇金丝猴的标准，它们才是最有魅力的。由此看来，雌性选择配偶这件事和雄性的红唇关系不大。

可是到了发情期，神奇的一幕上演了。那些没有配偶的雄猴，不仅行为低调，连面部的表情也发生了变化，往日的红唇正在慢慢褪色。这个时期，难道不应该打扮靓丽些以吸引异性的注意吗？这些单身猴为何如此低调？而与之形成鲜明对比的，是那些家庭主雄猴（有家庭的大公猴），在发情期，它们的嘴唇比以往更加红润、更加醒目。

滇金丝猴家庭

后来，随着中科院动物研究所朱平芬的研究成果发表，滇金丝猴红唇的奥秘被揭开了。在滇金丝猴的等级社会中，红唇是一种权力的象征。如同在我国封建社会中，龙的图案只有皇家才可以使用，平民百姓一旦用了，那可是“大逆不道”的。同样，特殊时期我们揭开了红唇的变化是一种力量的对比和生存的策略。主雄猴们的红唇暗示自己“廉颇未老”，尚能一战。而单身猴红唇的褪色，象征它们的妥协，表示它们没有觊觎人家地位的野心。

▼ 滇金丝猴

主雄猴的地位如同皇帝，对于滇金丝猴而言，一旦坐上这个宝座，就可以享受“后宫佳丽”的拥戴。因此，即便是肝脑涂地，也有猴不断冒险，去挑战主雄猴以取而代之。在滇金丝猴群中，造反是极具危险的行为，没有猴愿意大张旗鼓地进行，除非它自认为已经拥有了足够的实力。一般情况下，单身雄猴要击败有家庭的主雄猴，才可拥有自己的家庭，但是风险很大，失败了会被追着打。滇金丝猴平时性情温顺，即便是争抢食物，大多也只是象征性地进攻，但是在守护家庭上，它们绝不心慈手软。发情期间，很多猴子的打斗非常激烈，甚至会闹出“猴命”来。

对于一些渴望建立家庭，但是力量又不足以抗衡主雄猴的猴子来说，发情期红唇褪色，可不是真心妥协于主雄猴的，而是一种障眼法。那只不过是为了掩饰内心的冲动，做给那些尚在其位的主雄猴看的。这好比皇帝身边的大臣，越是野心勃勃，在皇帝面前就越要装作恭顺的样子，以此迷惑皇帝，暗地里偷偷积攒力量。想不到吧，在滇金丝猴的族群中，也有明修栈道、暗度陈仓的行为呢。

“狐假虎威”

印度豺

动物小档案

- 学名：印度豺
- 门：脊索动物门
- 纲：哺乳纲
- 目：食肉目
- 科：犬科
- 属：豺属

我们小时候都听过“狐假虎威”的故事，一只狐狸借助老虎的威势，得以在森林中其他动物面前要威风。实际上，自然界中“狐假虎威”的一幕不会出现，但是我知道有一种动物，倒是可以借助老虎的威势，为自己撑腰。

世界上几乎所有的猫科动物都畏惧水，但是孟加拉虎绝对是个例外。孟加拉虎不仅在森林中是个优秀的猎手，还练就了独特的水中捕猎本领，它可以游泳也可以潜水，能够猎杀在浅水中进食的水鹿等动物，甚至能与水中霸主鳄鱼一决高下，成为鳄鱼强有力的竞争对手。因此在湿地的水塘里，鳄鱼与孟加拉虎总是水火不容，常常为了争抢猎物大打出手。然而，惦记着孟加拉虎的猎物的，可不只有鳄鱼，还有一类狡猾的对手——印度豺。

一个印度豺群体每天得吞下几十公斤肉才能维持生存，但它们生活的环境，尽是星罗棋布的湖泊沼泽，猎物们大多善于游水，这成了印度豺的一个难题。为了解决这个难题，顺利获得食物，印度豺“投靠”了凶猛的孟加拉虎。

一只孟加拉虎的后面常若隐若现地跟着一群印度豺，而孟加拉虎对于印度豺群的尾随，也已经习以为常，它知道豺群从来都不会妨碍它狩猎，它们只不过是想分得所获猎物的残羹罢了。

印度豺是豺的一个亚种，主要分布在印度半岛。印度豺是一种群居群猎的动物，个头不大，和家狗差不多。它们通常二三十只一群，多的有五六十只一群，协同作战，精于配合。单独一只印度豺形成不了气候，一般动物都不会害怕，但一群印度豺的“团队合作”就很厉害了，鲜有目标能逃脱它们的包围圈。包抄迂回、十面埋伏是它们的惯用战术。

正在分食的印度豺

印度豺如何分得孟加拉虎的猎物呢?

一群印度豺合力追击一群水鹿，水鹿最终逃进了一片沼泽的湖中，豺群只得望水而叹。它们转身离去，独特的嚎叫声此起彼伏。不一会儿，一只孟加拉虎悄然来到沼泽湖边的草丛中，斑斓的虎皮和草丛混为一色，它发现湖中有一群水鹿在吃水葫芦。孟加拉虎悄悄地下了水，水中的芦苇遮挡住了水鹿的视线，它悄无声息地靠近了水鹿。紧接着，孟加拉虎一头沉入水中，水面宁静如初。突然，“哗啦”一声，孟加拉虎掀起巨大波浪，从水鹿群中冒出，一口咬住其中一只水鹿，众水鹿夺路而逃，拼命奔上陆地，水面顿时波浪翻滚。孟加拉虎咬住水鹿倒退着游泳，奋力将一百多斤重的水鹿拖上岸，这时岸边的豺群不住地刨爪，显得很兴奋。

老虎捕到猎物时，周围埋伏的许多动物都在暗自兴奋

孟加拉虎在狼吞虎咽时，豺群在旁边围了一圈,或站着或半坐着，这个阵势目的是为了给想分得残羹的狐狸、秃鹫等动物一个下马威：势力范围我们已经圈定了，“老大”吃完了，剩下的就是我们的了！森林之王吃饱后掉头走了，豺群一哄而上，一会儿工夫，那水鹿就只剩了一副完整的骨架。

借助老虎的威势，印度豺得以填饱肚子。看似豺群捡了老虎猎食的“便宜”，但其中却隐藏了一个细节：如果没有印度豺集体行动，将水鹿赶到沼泽湖里，孟加拉虎也不可能轻而易举地将其擒获。表面上看是印度豺沾了老虎的光，其实是它们达成了一种巧妙的合作。

负鼠装死

战国时期，秦国有个宰相叫范雎，他当年在魏国做门客的时候受人陷害，被魏国丞相魏齐严刑拷打，惨不忍睹。在奄奄一息之际，范雎为了活命，便屏息僵卧，在血泊中直挺挺不动，佯装死去，因此逃过一劫。

其实，装死并不是人类才有的行为。如果要拼演技，自然界中比人类擅长装死的动物比比皆是，比如负鼠。

生活在美洲的负鼠是一种看上去非常可爱的动物，刚出生的小负鼠不足 2 厘米，需要爬进母负鼠的育儿袋里继续发育，再过一段时间，幼鼠则会趴在母鼠的背上，负鼠因此得名。

动物小档案

- 学名：负鼠（属）
- 门：脊索动物门
- 纲：哺乳纲
- 目：负鼠目
- 科：负鼠科

负鼠的个头大小不一，身材苗条的负鼠跟家鼠大小相仿，而身材健硕的负鼠却比猫还要大。成年的负鼠有一根结实有力、灵巧无比的尾巴，这让它们可以像猴子一样用尾巴缠绕枝干倒挂在树上，母鼠还可以用尾巴当作安全带，将幼鼠固定在自己身上。

负鼠的身材决定了它并不适合在草原和丛林里快速奔跑，但它却非常擅长“急刹车”：在被捕食者追猎的时候，风驰电掣的负鼠可以在一秒钟内停下，纹丝不动。当负鼠突然停下，捕食者往往也会跟着一起停下，但巨大的惯性却让它不能像负鼠一样稳稳地停住。栽了跟头的捕食者一时搞不清楚负鼠葫芦里卖的是什么药，怎么跑着跑着突然停了，难道是知道跑不过索性投降？捕食者小看了负鼠，负鼠看上去呆萌，但它们实际很精明。趁着捕食者出神发愣的工夫，负鼠突然一个加速度，用尽全力，如同一支离弦的箭一样发射出去。等捕食者回过神来，负鼠早已逃之夭夭了。

能加速，刹车急，启动快 ▶

当然，这一招并不是屡试不爽，因为负鼠的天敌多是狼和狗这样的动物，它们在体型和体力上都比负鼠高出好几个数量级。所以，即使负鼠使用“急刹车”战术迷惑了对方，但只要捕食者反应过来，还是能够轻而易举地追上逃跑的负鼠。这时候，负鼠就只能采用高级战术——装死了。

▲“为了生存而装死，我不丢脸！”

到了性命攸关之际，负鼠就会就地仰躺，张嘴，闭眼，舌头耷拉在上下颌之间。同时，它的身体会猛烈地抽动，看上去就像人癫痫病发作。一般的捕食者遇见这样的状况，会认为负鼠是被吓死或者累死了，便失去了捕食的兴趣。

但是装死也并不能够唬住所有捕猎者。如果碰见了老道的猎手，普通的装死也不奏效，那么负鼠就要亮出看家本领了。这时，负鼠会从肛门旁的臭腺中快速排出一种黏稠的黄色液体，这种液体会散发出难闻的恶臭，类似于变质的腐肉所发出的气味，让捕食者避之唯恐不及，完全丧失了进食的欲望。如果捕猎者不甘心就这么让“煮熟的鸭子飞走了”，拿前爪在负鼠身上拨拉几下试探的话，已经完全入戏的负鼠会非常敬业地做到纹丝不动，打消捕猎者最后的希望。

至此，负鼠已经完成了从逃跑、刹车分散捕猎者注意力、再次逃跑、第一次装死、排臭表演“逼真死”、逃生成功这一系列活动，负鼠正是通过种种努力才能活下来。

所以，装死不但是一种求生本能，更是一款逃生“神器”，对于体型和体力远逊于那些高大威猛的动物的弱者来说，装死更是一项不得不掌握的必备技能。负鼠的这种欺骗捕猎者的办法，使它们得以在地球上存活了 7000 万年。

能隐身的豹纹

《西游记》中孙悟空可谓神通广大，他师从须菩提祖师，学法修道，回到花果山时，不免对其他猴子炫耀起来："我自闻道之后，有七十二般地煞变化之功，筋斗云有莫大的神通，善能隐身遁身，起法摄法；上天有路，入地有门……"除了我们熟悉的筋斗云和七十二般变化之外，孙悟空还修得了隐身之术。一般而言，隐身、变色都是弱小者为了躲避强敌而不得已的伎俩，强大如孙悟空竟然也需要这般法术吗？

殊不知，自然界中一些"绝世高手"，也要进行伪装，雪豹就是其中之一。还记得电影《功夫熊猫》中的反派角色"大龙"吗？它从小聪明伶俐，苦练武术，长大后能力超群，卓尔不凡，总是想跟熊猫"阿宝"一比高下。这个角色的原型就是雪豹。

动物小档案

- **学名：雪豹**
- **门：脊索动物门**
- **纲：哺乳纲**
- **目：食肉目**
- **科：猫科**
- **属：豹属**

体力充沛时，雪豹会袭击牦牛群，或猎取掉队的牛犊，能够制伏

3倍于自身重量的猎物。既然自身如此强大，为何还需要隐身？我也一直困惑，直到在野外真正看到雪豹，我才找到了答案。

▲ 攀岩高手北山羊

雪豹奔跑速度很快，用“风驰电掣”来形容毫不过分，可是雪豹的耐力并不强。雪豹虽是攀岩高手，但是和它的猎物岩羊、北山羊相比，还是有些差距的。我对北山羊比较了解，科考时，在野外经常能看到北山羊高超的“表演”，它们是真正的攀岩专家，只要不是垂直光滑的岩壁，它们就可以在峭壁上如履平地、来去自如。

在耐力和攀岩能力都不占优势的情况下，为了保证狩猎的成功，雪豹必须尽可能地靠近猎物。对于它们而言，“隐身”正是为了更好地抓捕猎物。

每当发现猎物，雪豹并不会急于进攻，它们的强项是短距离冲刺而非长跑。雪豹会借助岩石隐蔽，再悄悄地接近猎物。这个时候，“隐身衣”豹纹就开始发挥作用了。雪豹全身灰白色的皮毛，点缀着黑色斑纹。纯白色在野外容易被发现，而灰白色则与岩石的颜色极为接近，增加了被发现的难度。黑色斑纹，又将这“隐身”能力进一步升级。雪豹的头部圆斑小而密，背部和体侧的圆斑较大，尾端的斑纹宽而大，在灰白色的皮毛上，形成一块一块不规则的图形。现实中，不规则的图形会增加光的散射，给观察者以错觉，进而再次增强隐身的效果。这便是雪豹的“隐身衣”。

▲ 岩壁上的雪豹

当雪豹在山麓缓慢逼近岩羊等猎物时，你很难发现它的踪迹。雪豹埋伏在岩壁上，盯准猎物，只等恰当时机到来，突然从隐藏处跳出来，扑向毫无防备的猎物。

蚂蚁模样的蜘蛛

蚁蛛是一种无论在形态还是色泽上都酷似大蚂蚁的蜘蛛。

动物小档案

- 学名：蚁蛛
- 门：节肢动物门
- 纲：蛛形纲
- 目：蜘蛛目
- 科：跳蛛科
- 属：蚁蛛属

▲ 蚁蛛

蚁蛛长得很像蚂蚁，但它并不是昆虫，它只有头胸部、腹部这两段，为了模仿蚂蚁头、胸、腹的三段结构，它的头胸部长了道深深的沟，生生“造”出了个假头和假胸。而且它比蚂蚁多一对足，于是便用这对足来模拟蚂蚁的触角。它的视力很好，但走动时前足会颤颤悠悠地摆动，这是为了模拟蚂蚁触角的动作。有的蚁蛛甚至可以用前足和蚂蚁进行短暂的“触角交谈”，以消除蚂蚁的戒心。

蚁蛛这样煞费苦心，为的就是守在蚁巢边上捕捉蚂蚁。它可以混迹于蚂蚁群中而不被发现，从而可以趁其不备，取而食之！不知道有多少蚂蚁就是这样成为了它的食物。

蚁蛛就这样混入蚂蚁行列，蚂蚁误以为它是同伴，毫无戒备；蚁蛛却大施杀手，捕食一只又一只蚂蚁。不仅如此，蚁蛛猎杀蚂蚁的同时，还能凭借自己酷似蚂蚁的外表，逃避敌害的侵袭。这是因为蚁群的防御能力很强，很多动物不敢招惹它们。蚁蛛能捕食社会性很强的蚂蚁，从这一点上来讲，它应属进化程度较高的类群了。

▲蚁蛛和蚂蚁很难分清

▲蚂蚁

物种之间的模仿是不是既有趣又残忍？蚁蛛借助于模仿蚂蚁，既可在敌害面前保护自己，又可在猎物面前隐藏自己，这样的拟态具有防御和捕食的双重功能。

值得一提的是，自然界中，蚂蚁是一支凶狠的“部队”，假如蚂蚁发现外敌，群起而攻之，即便是大型鸟兽也难以招架，更何况那些小小的昆虫和蜘蛛呢。因此，很多动物认识到：如果模仿蚂蚁可以避免被它们攻击，让自己过得舒适一点儿，何乐而不为呢？模仿蚂蚁的现象叫“拟蚁现象”，自然界中模仿蚂蚁的动物有几百种之多。

▲别惹蚂蚁

说到蜘蛛的拟态，在澳大利亚有一种投绳蜘蛛也很有趣，它自己并不结网，而是将一根丝线以“投绳”的方式丢出去捕捉猎物。它的食物是一种蛾，而且它只吃雄蛾，这又是为什么呢？

其答案就在附着于丝的黏液上。原来，这种黏液能发出与雌蛾的性激素很相似的气味，所以能够引诱雄蛾上当。这种气味拟态，也是一种进攻性拟态。

蝉与貂蝉

相传，东汉末年有位美女叫貂蝉，是中国古代的四大美女之一。她本是司徒王允家的一名歌女，身份低微，本名不详。后来，王允利用她施展的美人计，除掉了董卓。歌女立了功，被赐名“蝉”。那么，为何是蝉呢?

在现代人看来，蝉只不过是一种普通的昆虫，和“美女”实在没什么关系。不过，蝉在汉代可是一种身份的象征。在商代的青铜器上就有了蝉的形象，周朝后期到汉朝的丧葬习俗中，死者口含玉蝉，以期获得重生。

在我看来，貂蝉之名恰如其分。东汉末年，董卓作乱，天下英雄齐聚虎牢关，十八路诸侯都奈何不得。在众人眼中，貂蝉不过是一位弱女子，她却巧妙地除掉了董卓，这是如何做到的呢？或许，貂蝉的成功在于她擅于巧妙地隐藏自己的身份，并且忽远忽近，让人捉摸不透。我们来了解一下蝉这种动物，就可知二者之间的玄妙。

我们日常所说的蝉（俗称“知了”），是指昆虫中蝉科的成员，其中主要是蚱蝉。蝉的种类繁多，全世界约有2000多种，中国目前已知有200种左右。此外还有一些带蝉字的昆虫，比如斑衣蜡蝉、沫蝉、黑尾叶蝉、角蝉等，但它们并不是蝉科的成员，严格来讲并不属于蝉。

▲蜕皮的蝉

“池塘边的榕树上，知了在声声叫着夏天。”每年的夏季是蝉最活跃的时节。每到这个季节，一阵阵此起彼伏的蝉鸣着实吸引我，那是颇有节奏的大合唱。我常常特意停下脚步，只为静静听上一会儿这盛夏的欢唱，体会一下王摩诘“倚杖柴门外，临风听暮蝉”之感。作为农村的孩子，我对蝉自然不陌生，我山东老家的方言称没蜕皮的蝉为“解了龟”，蜕皮的蝉为“解了子”。童年时，夏日的晚上我常到树林里去捉“解了龟”，它们一般是在晚上从地下爬出来，再顺着树干向上爬，有时候在地上就能捡到。手电筒是捉“解了龟”的必备工具,这让我一晚上总能捉到几只。捉到后，我会专门准备一个瓶子，里面放上盐水，把“解了龟”放到瓶子里去浸泡腌制，等积攒到一定数量的时候，妈妈就会用油将它们炒一炒、炸一炸，那是绝佳的美味。

◀蝉

动物小档案

- 学名：蚱蝉
- 门：节肢动物门
- 纲：昆虫纲
- 目：半翅目
- 科：蝉科
- 属：蚱蝉属

可是当“解了龟”蜕皮后变成“解了子”，就只闻其声，不见其形了。

鸣叫声近在咫尺，我却看不到声音背后的主人，不免令人惋惜。有一次，我铆足了劲，试图找到树上的蝉。可我一靠近，原本喧闹的蝉鸣就戛然而止了。

古代的文人对蝉的叫声，描述得很笼统，而且大多是为了表达情感的，比如徐玑的“戛戛秋蝉响似筝”，柳永的“寒蝉凄切”。今天的学者研究蝉，会发现蝉的鸣叫声千差万别。蝉的种类不同，音量也不一样。大型蝉类的鸣叫声可高达100~130 分贝，而且不同种类的蝉鸣叫声频谱也有所不同。即便是同一种蝉，鸣叫声也可以细分为普通鸣声、求偶声、交配声、竞争鸣叫、召集声和哀鸣等。古人若是懂得这些，仅仅一个蝉鸣大概就足以撑起“宋词三百首”了吧。

见此图标 微信/抖音扫码 添加AI动物翻译官，开启知识解码之旅！

当我懊恼地离开，它又重新开始鸣叫，仿佛是在庆祝自己的胜利，讥笑我的无能。是可忍孰不可忍！遭到蝉的“调戏”，我与它较上劲儿了，心想一定要找到它的藏身之处。我再次接近，它又不叫了。没有叫声的指引，我只能漫无目的地搜索，仔细查看树上的每一个角落，不落下蛛丝马迹，结果还是无功而返。

我又气又恼，暂且离开。再次听到蝉鸣的时候，我放轻脚步，悄然接近。此招果然奏效，这一次，直到我走到树下，上面的蝉都没有察觉，依旧陶醉在自己的歌声里。在树下，我借着声音的定位，在树干上发现了它。之所以之前没发现，是因为蝉伪装得太好了。它身上的颜色和树干特别接近，就连身上的纹理也在模仿树皮的脉络。在动物界这属于保护色，可以避免被捕食者发现。

从食物链的角度看，蝉是非常弱小的，它几乎没有什么防御能力。蝉虽然会飞，可是它的飞行能力很弱，庄子就曾经描述过蝉的飞行：“我决起而飞，抢榆枋而止，时则不至，而控于地而已矣……”这样的飞行能力很难避开天敌的追击。而蝉的天敌偏偏又比较多，且一个比一个强悍，比如螳螂、鸟类、蜥蜴等。在危机四伏的环境下，蝉想要生存下来，必须学会将自己隐藏起来。

我不由想起貂蝉，一个柔弱而美丽的女子如何在乱世存活下来，尤其是司徒王允还将其推到了权力的旋涡。一个是杀人如麻的董卓，一个是屡次背信弃义的吕布，另一个是老谋深算的司徒王允，与这些人周旋，稍有不慎便会招来杀身之祸。如蝉一般，貂蝉也必须将自己“隐匿”起来，她要学会伪装，隐藏起内心的感情，强颜欢笑，曲意逢迎。

如果不是蝉肆无忌惮的鸣叫暴露了位置，仅凭我这双肉眼，是难以发现的。很多时候，蝉被天敌发现也是因为其鸣叫声。纵然蝉有保护色，但还是有很多危险来不及躲避，那么，蝉为何一定要不停地鸣叫呢，它安静地躲藏起来，终其一生不好吗？

地球上的生命，最基本的本能就在于繁衍后代，这样才可以将自己的基因永久保存，而身躯只不过是生命

▲蝉的隐身

的载体。蝉的鸣叫声在于吸引异性的注意，以完成传宗接代的重任。在这个过程中，雄蝉拼命地鸣叫，是因为雌性是根据雄性的鸣叫声来选择配偶的。所以，那些鸣叫得越高亢的蝉越容易引起异性的青睐，同时也越容易引起天敌的注意。很多雄蝉“出师未捷身先死”，没能等来配偶，却等来了天敌。

随着秋季的到来，蝉的生命开始走向终点，正所谓“先秋蝉一悲，长是客行时”。蝉卵孵化出的若虫，自行掘洞钻入树下的土中栖身，以刺吸式口器吸食树根汁液为生，从而开始了漫长又暗无天日的地下生活。它们在地下的蛰伏时间，短的要2~3年，长的甚至要13~17年之久。在这之后，它们才能爬上地面开始新的生活。在古人看来，蝉的这种生活轨迹近乎“重生”，这或许也是为何古代丧葬习俗中死者要口含玉蝉的原因。

★★★★★★

蝉在地下蛰伏多年，就为了争取不到两个月的欢唱，一代又一代，一年又一年。世界上有200多万种昆虫，在那个没有科学研究的时代，蝉何以被世人铭记？蝉该蛰伏的时候蛰伏，它可以在地下蛰伏很多年，而当到达地面的时候，又能够放声歌唱，让世人感知自己的独特的存在。不仅如此，蝉还能巧妙地把握分寸，生活在闹市中，人们常常听得见蝉鸣，却看不到蝉身，大有“大隐隐于市”之感。同理，为何貂蝉为人熟知？一名弱女子被推到时代的风口浪尖，她没有回避，没有退缩，巧妙地在乱世中求存。貂蝉以“蝉”为名，其命运冥冥之中或许早已注定。

螽斯的“隐身衣”

螽斯是一种很常见的小动物。每年夏季，在草丛边总能听到它们的叫声。

《诗经》中对这种小虫有过形象的描写：

螽斯羽，诜诜兮。宜尔子孙，振振兮。

螽斯羽，薨薨兮。宜尔子孙，绳绳兮。

螽斯羽，揖揖兮。宜尔子孙，蛰蛰兮。

诗中展现了螽斯多子多孙的特点，高度赞美了其强大的繁殖能力。

螽斯几乎遍布世界各地，多数种类生活在热带和亚热带地区。螽斯总科包括露螽科、拟叶螽科、纺织娘科等12科。目前全世界已知的螽斯有1万多种，中国已知有200多种。它们主要栖息于丛林、草间，也有少数种类栖息于树洞、石下等环境中。

小时候，我总以为螽斯和蚂蚱（蝗虫）是同一种类。但是，现在我知道怎么区分了！当你在草丛中看到一蹦一跳的小家伙时，注意观察它的触角：如果触角又钝又短，那是蝗虫；如果又细又长，那是螽斯。

露螽

动物小档案

- 学名：螽斯（科）
- 门：节肢动物门
- 纲：昆虫纲
- 目：直翅目

地衣螽斯▲

初秋的一个周末，我正在公园里散步，忽然看见再力花的一片绿色叶子上面有一只触角又细又长的小虫，原来是露螽。它的身体是绿色的，呈扁平状，一条红色的背脊从头部一直延伸到躯干末端；腿节为粉褐色，和再力花叶子边缘的颜色一样。我凑近去看的时候，露螽一动也不动，它对自己的“隐身衣”也太有自信啦！

螽斯的体色多为绿色或者褐色，以便躲在草丛或者枯叶之中，不被天敌发现。这就是保护色策略。此外，它们还有强大的伪装能力。螽斯可以通过模仿植物的形态来躲避天敌的眼睛，也可通过拟态动物的外观来混淆猎食者的视听。凭借这些本领，小小的螽斯就能在地球上的许多地方繁衍生息。

螽斯不但模仿地衣、树叶，还会模仿树皮、树枝。其中，模仿树叶是最常见的，生活在不同地方的螽斯会根据当地植物叶片的颜色、形状、纹理来进行模拟，最终演化出了各种各样的形态。

地衣蝈蝈（学名为地衣螽斯）是一种小型螽斯，生活在南美洲的热带雨林。它全身为灰白色，腿像长满了小刺的玫瑰花茎，还是已经风干且被折成两段的那种。它的翅膀就像镂空的窗花，又像精致的叶脉标本。地衣蝈蝈模拟的是热带雨林中鹿蕊属的一种灰白色的枝状地衣。地衣蝈蝈躲在地衣之中，就像小鱼游进了同形同色的珊瑚丛，能够完美地消失在天敌的眼皮底下。

孔雀纺织娘是生活在南美洲热带雨林中的一种大型拟叶螽，成虫体长 4.5~6.5 厘米。它的触角、头部和身体为褐色，足节由浅褐色逐渐过渡为深褐色。翅膀的正面为枯叶色，上面点缀着不规则的黑斑，乍一看，就像是淋过雨发了霉的枯叶，“叶片”上还有叶脉，主脉分出侧脉，再分出细脉，简直能以假乱真！

孔雀纺织娘的外表如此低调，它的“孔雀”之名又是从何而来的呢？千万别被它枯叶般的伪装迷惑了，一旦遇到威胁，它就会露出另外一面。孔雀纺织娘示威的时候，会张开翅膀兴奋地起舞，露出一对眼睛图案的斑纹，用以吓退敌人。它的翅膀背面中间也有一对“假眼”，叶状的翅膀色彩斑斓，亮丽的虹彩和黑白色交织，就像美丽的星云，边缘还有一圈孔雀蓝的散斑。这些斑纹图案才是它“孔雀”的一面。

▲ 孔雀纺织娘

为了躲避猎食者，螽斯不但模拟植物，还会模拟其他动物。平背螽的一种若虫完美地模拟了红火蚁，长着赤红色的头部、身体和腿节。要不是它头顶尖长的触角出卖了它，恐怕我们都要蒙在鼓里呢！

还有更厉害的，有一种螽斯居然模拟了它的天敌——胡蜂！它长着黑色的脑袋、身体和腿节，还有橙黄色的薄薄的翅膀。要不是它那一半黑色一半橙黄色的触角，谁能看出它不是真的胡蜂呢？

（本文为邹桂萍撰写）

蟋蟀的声音

夏夜，在花坛里、草丛旁、房屋角落常能听到蟋蟀的歌声。中国对这种昆虫的认识由来已久，早在《诗经》中就有对蟋蟀的记载：

蟋蟀在堂，岁聿其莫。今我不乐，日月其除。
无已大康，职思其居。好乐无荒，良士瞿瞿。
蟋蟀在堂，岁聿其逝。今我不乐，日月其迈。
无已大康，职思其外。好乐无荒，良士蹶蹶。
蟋蟀在堂，役车其休。今我不乐，日月其慆。
无已大康，职思其忧。好乐无荒，良士休休。

南宋时期出了个有名的“蟋蟀宰相”贾似道，著有一部研究蟋蟀的书——《促织经》（“促织”就是蟋蟀）。他发现，蟋蟀的体色与其斗性有一定的关系，提出了“白不如黑，黑不如赤，赤不如黄”的说法。

这种小动物白天穴居于砖石下、土穴中、草丛间，夜间出来活动。它是杂食性的，吃各种作物、树苗、菜果等。

动物小档案

- 学名：蟋蟀（科）
- 门：节肢动物门
- 纲：昆虫纲
- 目：直翅目

我抓蟋蟀比较在行，白天在田地里可以轻而易举地抓到它们，可是到了晚上，我却茫然不知所措。回老家过暑假，蟋蟀们吵得我不得安眠。于是我打着手电筒，在院子里四处寻找。

我出屋之前，屋外蟋蟀的叫声始终如一，没有什么变化。然而，当我拿出手电筒照射的时候，突然没了声音。于是我立即关上手电筒，静止不动，不一会儿，我又听到它在大概20步开外的地方鸣叫。奇怪的是，方才明明感觉它就在我的近前，难道是我的听力出了问题？

我完全摸不着头脑了，我已经无法凭听觉找到这只蟋蟀的准确位置。为此，我查阅了书籍，从昆虫学家法布尔那里了解到一些情况，知道了蟋蟀发声的奥秘。

▼ 蟋蟀

人类的发声，是由于空气通过咽喉部引起声带振动，然而，蟋蟀没有声带，发声部位也不在口器内，它是怎样发声的呢？它的发声“机关”藏在哪里？

原来，蟋蟀是用翅膀摩擦发声。在蟋蟀右边的翅膀上，有一个像锉一样的短刺（音锉）；左边的翅膀上，长有像刀一样的硬棘（摩擦片）。每当蟋蟀翅膀振动，左右两翅一张一合，相互摩擦，就发出了声音。

那么，声音远近的变化又是如何产生的呢？明明蟋蟀就在我面前，却为何听着像几米开外的地方传来的呢？

原来，蟋蟀在摩擦翅膀时，摩擦点时而是粗糙的胼胝（老茧），时而是平滑的放射状翅脉，因此，发出的声音会出现音质变化。这大概可以部分地解释我的困惑，当蟋蟀处于警戒状态时，它的鸣唱就会使人产生错觉，让你觉得此时的声音好像从这儿传来，又好像从另外一个地方传来。蟋蟀达到了它想要的效果：通过声音的变换，来欺骗敌人。音量的变化、音质的转换，以及由此造成的距离变动感，都是蟋蟀扰乱敌人听力的有效手段。

蟋蟀生性孤僻，一般情况下是独立生活的，除了交配时期，绝不会和别的蟋蟀住在一起。这是由于它们彼此之间不能容忍，一旦碰面，就会咬斗起来。正因为蟋蟀这种好斗的习性，自古以来，中国民间就有“斗蟋蟀”这类娱乐活动，也形成了历史悠久的蟋蟀文化。

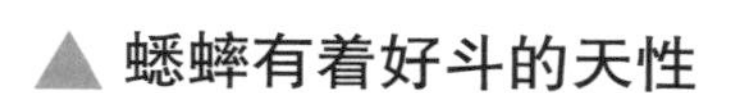

▲ 蟋蟀有着好斗的天性

花一般的螳螂

楚庄王将兴师伐晋，孙叔敖进谏曰：“臣园中有榆，其上有蝉。蝉方奋翼悲鸣，欲饮清露，不知螳螂之在后，曲其颈，欲攫而食之也；螳螂方欲食蝉，而不知黄雀在后，举其颈，欲啄而食之也；黄雀方欲食螳螂，不知童挟弹丸在榆下，迎而欲弹之；童子方欲弹黄雀，不知前有深坑，后有掘株也。”

——西汉·韩婴《韩诗外传》

这就是成语“螳螂捕蝉，黄雀在后”的由来。然而，有一种螳螂，即便是黄雀在后，恐怕也很难发现它。它便是自然界中非常著名的伪装大师——兰花螳螂。

动物小档案

- 学名：兰花螳螂
- 门：节肢动物门
- 纲：昆虫纲
- 目：螳螂目
- 科：花螳科
- 属：花螳螂属

我在云南出差，有幸参观了中国科学院西双版纳热带植物园。据介绍，园里来了一位神秘的“客人”——兰花螳螂，它不仅有好听的名字，更有如花朵般美丽的形象，当之无愧地从近1800种昆虫中脱颖而出，赢得了“雨林中最美昆虫”的桂冠。

一个平静无风的午后，一只苍蝇在兰花丛中飞舞，粉色的“花瓣”忽然簌簌舞动起来。苍蝇还不知道怎么回事，只见一把“粉色大刀”已经架到了自己的脖子上。苍蝇侧身一看，妈呀，原来是它的天敌——兰花螳螂！可怜这只苍蝇已逃脱不掉，三五分钟就化作兰花螳螂胃中的食物。

◀ 兰花螳螂的伪装

兰花螳螂真是苍蝇的噩梦，在一旁观看的我，也有些分不清是现实还是梦境，用手掐了掐自己的胳膊，才知道眼前的一幕是真实的。

兰花螳螂通过巧妙的伪装让苍蝇以为它只是兰花花瓣，从而飞入了它的捕猎范围，专业术语称作“兰花拟态”，兰花螳螂也因此得名。兰花螳螂的拟态行为堪称完美，它的步肢演化出酷似花瓣的构造和颜色，整体看上去与一朵盛开的兰花无异，更厉害的是，它能够随着周围花色的深浅变化而改变自己身体的颜色。对于兰花螳螂来说，拟态有双重作用：面对天敌时，可以迅速隐身，逃脱追捕；而面对猎物时，又能悄悄潜伏，迅猛出击。

▼ 这个粉嫩的“小公主”可是捕猎高手

兰花螳螂外表“温柔甜美”，充满了“少女感”，实际上它可是一个不折不扣的冷血猎手。成年兰花螳螂会将屁股高高撅起，将自己折叠起来，模拟花朵以吸引猎物。此刻的它正耐心地守候着，静待粗心小虫的到来，只要那虫子对它如花的美貌生出一丝贪念，就有可能命丧“屠刀”之下。兰花螳螂捕食的对象多半是围绕花朵生活的小型节肢动物、爬虫动物。活的传粉昆虫，如苍蝇、蜘蛛、蜜蜂、蝴蝶、飞蛾等，都是它们的美味食物。

对于昆虫来说，兰花螳螂和兰花，到底有多难分辨?

最新的研究发现，在传粉昆虫看来，兰花螳螂和花朵没什么区别。主要原因在于兰花螳螂与热带雨林中一些花朵对紫外光的反射是一致的，传粉昆虫并不能区分兰花螳螂与花朵的反射光。由于传粉昆虫习惯在花朵上生活，所以兰花螳螂这朵美丽的“花儿”，无论是形态还是颜色，都非常有吸引力。最神奇的是，兰花螳螂“易容术”技艺精湛，通过调整姿态和位置，它总能保持“盛开”状态，有时甚至比真的兰花更能吸引昆虫。

看着兰花螳螂猎杀昆虫的场面，我心中不禁感慨：对于美丽的东西，可不能太过陶醉其中，那背后也许是暗含杀机的陷阱，着实可怕！

雄性兰花螳螂生命周期约为8个月，一生要经过7次蜕皮；雌性兰花螳螂生命周期约为6个月，一生要经过5次蜕皮。它们并不一定只生活在兰花丛中，在黄姜花、栀子花或其他植物之上也会出现。

◀ 你找得到兰花螳螂吗？

其实，兰花螳螂也不是一生下来就长得像兰花。兰花螳螂的生命有很多阶段，各阶段的体色和形态也不尽相同。兰花螳螂刚刚孵出时，身体是暗红色的，长得有些像蚂蚁；经过蜕皮之后慢慢变为白色或粉色的若虫，这时候便开始形似兰花了；在如花似玉的“少女”时期（幼虫第一次蜕皮到成虫之前），兰花螳螂才会呈现出粉色的“花姿”；到了性成熟后，兰花螳螂则会慢慢由粉色变为浅黄色，之后逐渐变成棕色，屁股也不像之前那么高高翘起，渐渐变得不起眼了。

此时兰花螳螂没办法隐身于兰花间 ▶

幽灵虫

我国唐朝房千里撰写的《投荒杂录》中描述了一种叫“蝽”的昆虫，当时人们采捉此虫入药。这可能是世界上关于蝽的形态、习性、利用的最早记载。蝽其实就是竹节虫。竹节虫目（Phasmatodea）这个词来自希腊语单词“phasma”，意为“幽灵”，形象地说明了此类昆虫强大的隐身能力。

动物小档案

- 学名：竹节虫（目）
- 门：节肢动物门
- 纲：昆虫纲

我曾经在云南兰坪县一个叫罗古箐的地方领教过竹节虫强大的隐身能力。当时，我在一丛竹叶间发现了一只神奇的昆虫，它身体修长，形似竹枝，前足短小，两对细长的中、后胸足紧贴在身体两侧。它前足攀附在竹叶的柄基上，后足紧抓竹节；在竹枝上停歇时，有时将中、后胸足伸展开。我微微抖动了几下竹子，它便坠落在草丛中，收拢胸足，一动不动地装死。我见状便假装离去，它立即起身溜之大吉。

竹节虫与树枝，相似度 99.9%

这便是竹节虫，广泛分布于热带、亚热带地区，种类达2500余种，但在中国境内仅有20余种。竹节虫不同种类间体型差异很大，小的长度不及火柴棍，大的有数十厘米长。尽管外形迥异，但它们的拟态绝技都能“独步天下”。

细看竹节虫，躯干、腿、触须细长而分节，宛如一段天然的树枝。在植物上活动时，它能调适自己的体形，与植物形状相吻合，惟妙惟肖地模拟成植物的枝叶。更为神奇的是，竹节虫还能根据光线、湿度、温度的差异改变体色，让自身完全融入周围的环境中，使鸟类、蜥蜴、蜘蛛等天敌难以发现它的存在。要是它一动不动，你根本察觉不到它的存在。即便你偶然间发现了目标，只要稍不留神，它就会从你的视野中瞬间“消失”。它的身体与周围的树枝实在是太相似了，仿佛枝条上的纹理都被它刻意“定做”到了自己身上。

竹节虫行动迟缓，白天静伏在树枝上，晚上出来活动，取叶充饥。由于竹节虫伪装技巧高超，所以一般不会被敌人注意到，只有在爬动时才有可能被发现。当它受到侵犯飞起时，突然闪动的彩光会迷惑敌人。但这种彩光只是一闪而过，当竹节虫着地收起翅膀时，彩光就突然消失了，竹节虫也随之不见了踪影。这种逃生术被称为“闪色法”，是许多昆虫逃跑时使用的一种方法。

数一数，图中有几只竹节虫？

竹节虫目昆虫多分布于炎热、潮湿的地区，然而，在新疆广袤无垠的荒野中，竟然也有竹节虫生活。我曾经在石河子的荒野中漫步，发觉脚边一株枯萎的木黄耆的枝条在不停摇摆晃动，我俯下身子察看，发现竟然是一只灰色的竹节虫正小心翼翼地爬动着！这是唯一一种在中国新疆的干旱、半干旱荒漠中分布的竹节虫目昆虫——荒漠竹节虫。

荒漠竹节虫的自我防御行为较为温和，一般情况下，它只要一动不动地待在草丛中，就可以很好地躲过捕食者的眼睛了。我看到它一直保持前足外伸的姿势，与其所在的木黄耆融为一体，很难被发现。而在我观察的过程中，忽然起风了，草丛被吹得轻轻摇动，而隐藏在其中的那只荒漠竹节虫竟然也会随着微风一起摇摆，可见其拟态十分逼真。

荒漠竹节虫在受到外界惊扰时，会立即逃向植丛深处，同时腹部向背的方向卷曲，这是在模仿蝎子的行为，是其最常用的防御手段。除了逼真的寄主植物枝干拟态以外，荒漠竹节虫还具有与许多荒漠昆虫相同的适应性特征，如体表较为坚硬、身体呈灰色或土黄褐色。

竹节虫中的某些种类有神奇的“孤雌生殖”特性。所谓孤雌生殖，就是指在繁殖过程中雌性竹节虫不与雄性交配，便能产下无父的后代。竹节虫的产卵方式有三种：（1）从植物上散产于地表，这种方式有利于卵分散，减少天敌取食；（2）将卵黏贴于植物枝叶上；（3）把卵产在沙土内，先用足挖一小穴，产下卵后，立即用沙土掩盖。

另外，竹节虫所产的卵多为椭圆形或桶形，外观酷似植物种子，可以说把拟态发挥到了极致。这也是出于应对天敌的需要。而当它们受伤害时，稚虫的足可以自行脱落，而且可以再生。

别看竹节虫身体修长纤细，吃起树叶的速度却让人瞠目结舌。它们生活在森林或竹林中，属于害虫，在我国主要是危害栎类树木，多种竹节虫还会大量食害尤加利树，甚至危害农作物。

◀ **竹节虫各式各样的卵，像漂亮的小陶罐**

猫头鹰蝶的眼睛

蝴蝶我们都不陌生，想必很多人小时候都有捉蝴蝶的经历。想到蝴蝶幼虫历经千辛万苦，才“化茧成蝶”，变得十分漂亮，而它们成虫阶段的生命仅仅只能延续几个星期，我对于蝴蝶总是充满了同情和惋惜，不愿去捕捉它们，记住它带给世间的美丽就好。

从一般意义上讲，蝴蝶在昆虫界属于“弱势群体”，当面对天敌的时候，它们既没有进攻的“武器”，也缺少有效的防御本领。因此多数蝴蝶的防御策略是“御敌于家门之外”，它们身上拥有保护色，可以将自己很好地隐藏起来，也有些蝴蝶可以通过拟态和环境融为一体，比如枯叶蝶。相比于这些被动的防御策略，猫头鹰蝶可谓“艺高人胆大”。

动物小档案

- 学名：猫头鹰蝶
- 门：节肢动物门
- 纲：昆虫纲
- 目：鳞翅目
- 科：蛱蝶科
- 属：猫头鹰环蝶属

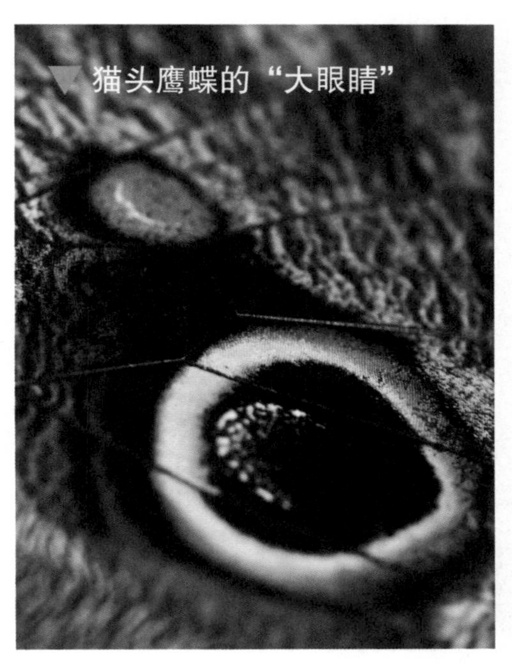

▼猫头鹰蝶的“大眼睛”

猫头鹰蝶生活在中美洲和南美洲，它的翅膀背面具有类似猫头鹰羽毛的纹路，后翅更是长有明显的大型眼纹，好像猫头鹰的大眼睛，猫头鹰蝶因此得名。其翅膀正面以暗色为主，并带有蓝色、橙色或白色纹。它们大多成群生活于森林中，成虫在晨昏时活动，常聚集于腐败水果上吸食。

猫头鹰蝶翅膀上为何会长有大眼睛呢？关于它的功能，学界一直在争议之中。主要有两种观点。

一种观点认为，猫头鹰蝶翅膀上的“大眼睛”的功能就是欺骗捕食者。在猫头鹰蝶下层两侧翅膀上，分别有一处像猫头鹰眼睛一样的图案，看起来有点“凶神恶煞”。在中美洲和南美洲地区，猫头鹰蝶的主要天敌有蜥蜴、小型鸟雀，而猫头鹰恰恰又是蜥蜴和小型鸟雀的天敌。因此，科学家认为，猫头鹰蝶身上的图案是一种警戒，功能就是欺骗捕食者，让对方误认为正有一只大眼睛猫头鹰在凶狠地瞪着它们。

另一种观点和上面的看法截然相反。当猫头鹰蝶四翅合拢时，每边只能看见一个眼斑，并不像猫头鹰的脸。而如果它将翅膀展开，显出的就是正面的鲜艳颜色，更谈不上像猫头鹰。人类将猫头鹰蝶做成标本，并以一个特定的角度展示的时候，它才看起来像猫头鹰；在自然环境下的活体猫头鹰蝶和猫头鹰，其实相去甚远。因此，一部分生物学家并不认为这种眼睛状斑点能起到吓唬捕食者的作用，这种形态的鲜艳图案是为了转移捕食者的注意力，让捕食者误将其翅膀当成某种

▲猫头鹰蝶的“另一面”

猫头鹰蝶有一套很厉害的拟态“装备”，可以实实在在地吓退不少天敌。在猫头鹰蝶幼虫蜕下最后一层皮、进入蛹期的时候，蝶蛹会伪装成毒蛇头的样子来吓退捕食者。与其他“蛇形模仿秀”不同的是，猫头鹰蝶的蛹可以感知到外部世界，然后从内部进行应对。当天敌靠近时，蛹可以感受到它们的运动方向，从而前后摇动躯壳，造成一种蛇在移动、准备攻击的假象，以此吓退敌人。

猫头鹰蝶蛹▶

动物的眼睛，从而忽视蝴蝶头部等重要部位的存在。

可是这种说法存在一个问题，无法自圆其说。如果两只“眼睛”仅仅是为了吸引天敌的注意力，以保护身体重要部位，那么“眼睛”的位置越靠近翅膀的边缘越有利，可为何它们要长在翅膀的中间？

当前这两种观点的争论还在继续，只有通过进一步的实验和调查才能接近事情的真相。

猫头鹰蝶翅膀长有特殊的图案，无论是为了“唬人”，还是“弃卒保帅”，都是长期的进化赋予它们的特殊能力，这一点毋庸置疑。

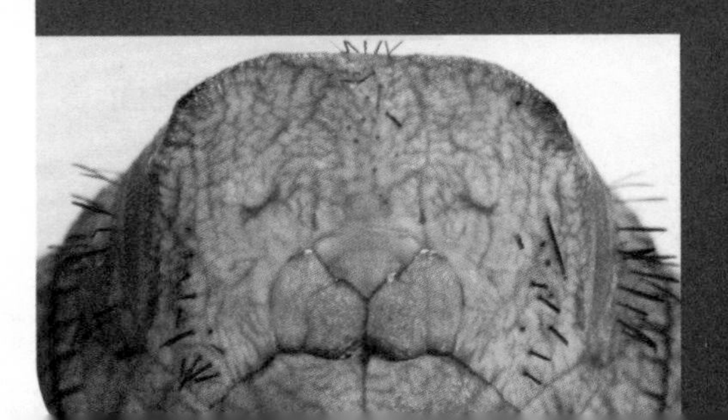

猫头鹰蝶蛹伪装成蛇头▶

动物小档案

- 学名：枯叶蝶
- 门：节肢动物门
- 纲：昆虫纲
- 目：鳞翅目
- 科：蛱蝶科
- 属：枯叶蛱蝶属

枯叶蝶的"魔法"

全世界现已发现并有记录的蝴蝶达 1 4000 多种，在这些五彩斑斓的蝴蝶中，有一种蝴蝶被称作"森林里的伪装大师"。在空中翩翩起舞的时候，它是鲜艳的；在受到惊吓的时候，它是暗黄色的。它就是著名的拟态物种——枯叶蝶。我在云南出差的时候听说丽江黑龙潭公园里就有这种神秘而又奇异的蝴蝶，于是走上了寻找枯叶蝶的探秘之旅。

枯叶蝶艳丽的背面

在那林间幽径的深处，我在一棵老树的枝丫上，不经意间发现了这个叫枯叶蝶的小生灵！此时，它正静静地待在树杈上，露出它的背面：翅膀非常艳丽，其色彩为绒缎般的墨蓝色，闪动着耀眼的光泽，可与凤蝶媲美；前肢中部横有一条金色的曲边宽斜带纹线，像佩戴着一条绶带；前后翅点缀着白色的小斑点，外缘均镶嵌着深褐色的波状花边。

我取出相机聚精会神地给它拍“特写”，“咔嚓”的相机声，使它受到了惊吓。突然间，枯叶蝶的翅膀收拢起来，露出它的腹面，呈枯叶色。从前翅顶角到后翅臀角处有一条深褐色的条纹，加上几条细纹，酷似叶子的中脉和支脉；翅间杂有深浅不一的灰褐色斑，很像叶片上的病斑。上下翅连起来像一片枯叶，前翅是叶尖，后翅是叶柄。头部向外，尾部朝向主干，这样看起来就更加惟妙惟肖了。它的后翅末端拖着一条和叶柄十分相似的“尾巴”，静止在树枝上，很难分辨出是蝶还是叶。

枯叶蝶的腹面

我仔细地观察着，旁边经过的小朋友对此非常好奇。他看到眼前的枯叶，忍不住用手轻轻触碰，枯叶蝶忽然身体一抖，倏而向空中飞去了。小朋友的无心之举打乱了我的观察，不过这也让我意识到，无论多么高明的隐身，一旦被发现，还是走为上计。

旁边的小朋友又惊又喜，我告诉他，这是枯叶蝶，是昆虫界的一位“魔术师”，当它轻轻地落在无叶的树枝上时,便会化为一片枯叶，与树枝融为一体，这就是昆虫界中的拟态现象。

可是这种拟态是怎么形成的呢？小朋友显然不满足于我刚才的回答。

这还得从“进化论”谈起。达尔文把在生存斗争中适者生存、不适者被淘汰的过程叫作自然选择。最开始的时候，枯叶蝶的体色存在差异，有的与环境色相似，有的与环境色差别较大。敌害来临时，体色与环境色差别较大的枯叶蝶容易被发现、吃掉，这就属于“不适者被淘汰”；与环境色相似的枯叶蝶腹部为黄色，飞行时引人注目，落地却如一片枯叶，不容易被发现，故而存活下来，这就属于“适者生存”。活下来的枯叶蝶繁殖的后代，有的体色与环境色一致，有的与环境色还有差别。敌害再来时，体色与环境色还有差别的枯叶蝶被吃掉，而体色与环境色一致的枯叶蝶活了下来……这样经过若干代的反复选择，最终活下来的枯叶蝶更似枯叶，不易被天敌发现。这就是自然选择的结果。

▲ **“隐身”的枯叶蝶**

★★★★★★

从枯叶蝶身边经过，我想起了林清玄赞美它们的一句话：“在飞舞与飘落之间，在绚丽与平淡之间，在跃动与平静之间，大部分人为了保命，压抑、隐藏、包覆、遮掩了内在美丽的蝴蝶，拟态为一片枯叶。”

毛毛虫的“十八般武器”

《水浒传》中宋江在浔阳楼题反诗后，为了掩人耳目而装疯卖傻，披头散发在粪便中打滚。宋江为了活命，也顾不得形象了，只道把自己弄得越恶心越能骗过别人。而自然界中也存在这样的“宋江”，为了生存，竟然把自己伪装成粪便的模样。

▼ 模拟粪便的毛毛虫

有一种毛毛虫就能够模拟成鸟类粪便的样子，避免被掠食者吞食。这种生活在日本境内的毛毛虫体色黑白相间，当它停留在树枝上时，会扭曲身体，乍看上去非常像一坨鸟屎。这种拟态行为非常有效，毕竟很少有鸟类会主动吃其他鸟类的粪便，这样一来便大大提高了毛毛虫的存活率。事实证明，鸟类攻击“粪便毛毛虫”的概率仅是普通毛毛虫的三分之一。

但不是所有的毛毛虫都心甘情愿拟态成“粪便”呀。有些种类的毛毛虫就有另一种防御手段——模仿小蛇来恐吓天敌。

◀ 毛毛虫模拟蛇比较常见

▲仔细看，这些枝条、花苞，其实是毛毛虫

洋腊梅风蝶身体呈黑色和橙色相间，主要以花蜜为食，其中包括杜鹃花、日本金银花、乳草和蓟属植物花朵的花蜜。洋腊梅风蝶的毛毛虫从头部正面看，就像一条可怕的小蛇，其身体颜色由醒目的黄色、黑色和绿色组成，不仅有着蛇身的配色，还“长”了一对蛇的眼睛。这种奇特伪装能帮助洋腊梅风蝶毛毛虫吓跑部分捕食者。

我小的时候被毛毛虫咬过，只觉得那是一种令人讨厌的昆虫。后来才知道，原来小小的毛毛虫具备那么强大的生存本领。

动物小档案

- 名称：毛毛虫（一般指蛾类和蝶类等昆虫的幼虫）
- 门：节肢动物门
- 纲：昆虫纲
- 目：鳞翅目

★★★★★★

相传少林七十二绝技中有一种狮吼功。释迦牟尼佛初诞生时，“太子（佛出家前为悉达多太子）生时，一手指天，一手指地，作狮子吼，云：‘天上地下，唯我独尊。’”

自然界中，有一种蝴蝶的毛毛虫就能使出“狮吼功”恐吓天敌。

加拿大卡尔顿大学的杰恩·亚克，痴迷于研究动物各种不寻常的交流方式，因此，当他发现某些毛毛虫竟然会利用声音向它们的某些天敌传达信息时，一下子就被迷住了。毛毛虫会发出声音吗？它们是如何发出声音的呢？

为了破解毛毛虫的发声密码，亚克和他的学生维罗妮卡·伯顿调研了蚕蛾总科下的多种昆虫，发现胡桃角蛾毛毛虫就能发出特殊的“吱吱”声，师徒俩决定分析一下毛毛虫的行为。

亚克和伯顿首先诱捕了多只成年雌性蛾，同时收集了它们产的卵，然后等待卵中的小生命被孵出，直至它们的第 4 次和第 5 次蜕皮期到来。然后，两位研究者用钝头镊子轻轻地挤压毛毛虫，观察它的反应。果然，不出所料，毛毛虫发出了“吱吱”的叫声。

胡桃角蛾

毛毛虫还会叫？

要知道，毛毛虫并没有发声器官，这些声音是如何发出来的呢？

答案是“吹哨”。

亚克和伯顿利用高速摄像仪器拍摄了毛毛虫的发声过程。结果发现，毛毛虫有意地将头部向后缩，气体随即被压缩到身体两侧的 8 对通气孔，这些通气孔就是毛毛虫的“鼻子”。当这些气体通过毛毛虫的“鼻子”流出的时候，就产生了“吱吱”声。

随后，亚克和伯顿轻轻地将乳胶涂在毛毛虫身体两侧的通气孔外侧，使之形成膜，堵住通气孔，之后再有序地揭开每对乳胶膜，先打开第一对，然后打开第二对，以此类推。结果发现，毛毛虫的声音果然是从这 8 对通气孔中传出来的，每对通气孔产生的声音可持续4秒。他们还发现毛毛虫发声的频率范围覆盖鸟儿和人类的听力范围。这就意味着，它们的声音是可以被鸟儿听到的。

可是毛毛虫这样做的目的是什么？要知道，很多鸟儿是毛毛虫的天敌。毛毛虫发出声音，岂不是引火烧身？

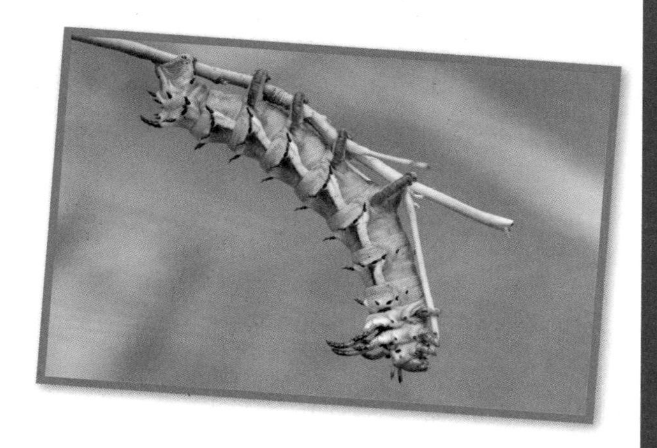

我们一起来看看生物学家的推断。胡桃角蛾毛毛虫会发出声音，这只是一种表象，想要解答内在的机制，就要找到产生这种现象的原因。一种很有效的科研方法是，先通过观察提出一个合理的假设，然后利用实验去验证假设是否成立。

亚克和伯顿提出了假设——胡桃角蛾毛毛虫发出声音，是为了恐吓天敌。

为了验证这一假设，师徒俩将毛毛虫放在黄莺笼子旁的树枝上，而黄莺以毛毛虫为食物。他们耐心地观察，拍摄记录期间发生的状况。令他们吃惊的是，当黄莺试图展开攻击时，毛毛虫发出的“吱吱”声使黄莺畏惧、退缩，快速飞离。在观测的一段时间内，黄莺展开了两次攻击，却均被吓退，而毛毛虫毫发无损。

研究者认为，黄莺被毛毛虫突然发出的噪音所震惊，这种噪音或许不能说明胡桃角蛾毛毛虫是味道不佳的食物，但对黄莺来说，该声音是预料之外的，这使得黄莺受到了惊吓，从而只能选择尽快离开。

观察和实验，让我们知道了核桃角蛾毛毛虫“吹哨”背后的秘密：它们发出声音，是为了惊吓掠食者，以此来保护自己。

胡桃角蛾毛毛虫

鬼脸天蛾

微信/抖音扫码
添加AI动物翻译官
☑ 动物解码大师
☑ 动物百科讲解
☑ 动物常识测试
☑ 动物高清大图

动物小档案

- 学名：鬼脸天蛾
- 门：节肢动物门
- 纲：昆虫纲
- 目：鳞翅目
- 科：天蛾科
- 属：面形天蛾属

金庸的小说《天龙八部》中，段延庆会使用腹语术，往往是“未见其人，先闻其声”，给人一种强有力的压迫感。在动物界，声音的高低往往和体型密切相关，体型越大的动物，发出的声音越低沉，而低沉的声音通常会给人以压迫感。洞见了声音的重要性，自然界有些小体型动物为了生存，便会在声音上下足功夫。

对于蛾子，我见得多了。小时候家住农村，一到晚上，四面八方的蛾子都会向着灯光靠拢。我们对于常见的事物往往不会在意。直到看了一部惊悚电影《沉默的羔羊》，我才开始重新认识蛾子。电影里面有一种令人毛骨悚然的蛾子——鬼脸天蛾，它的头部长有骷髅图案，非常恐怖。这还不算什么，鬼脸天蛾最令人恐惧的地方在于它能发出古怪的声音。

很多昆虫可通过摩擦身体部位制造声音，比如大家熟悉的蟋蟀，就是依靠翅膀和腿根部的摩擦而发出不同的声音。但是通过身体内部制造声音的昆虫就少见得多，目前我知道的只有某些天蛾能发出急促的“吱吱”声。鬼脸天蛾是如何发出声音的，一直是我心中的未解之谜。

不久前，科学家利用先进的设备，首次记录了鬼脸天蛾内部发声系统的运作过程，找到了其发声的原理：它们的发声系统由两部分组成，类似手风琴，可通过快速活动制造声音。以赭带鬼脸天蛾为例，它们吸进空气，这会导致其嘴部和喉咙中间的内唇快速振动。接着，其内唇张开排出空气，由此又产生了一种声音。赭带鬼脸天蛾的发声系统运动速度非常快，每次吸气和呼气只需要 0.2 秒。

那么鬼脸天蛾发出声音有何目的呢？对于这个问题，科学界存在争议，我倾向于下面的观点。

科学家认为鬼脸天蛾发声的原因与其偷食蜂蜜的习性有关。日夜守卫在蜂房周围的“卫兵”——工蜂英勇善战，机警万分，随时准备反击任何入侵之敌。然而，鬼脸天蛾能模仿蜂王发出急促的声音。“假蜂王”会发出声音通知工蜂停止活动或安静下来，接着，鬼脸天蛾趁机混过“卫兵”严守的岗哨，一举进入“攻不破的堡垒”——蜂房。掠取了可口的蜂蜜之后，又轻而易举地飞逃出来。

研究者观察到鬼脸天蛾接近蜂群时会发出“吱吱”声，进入蜂巢之后还会继续发声。此外，不同种类的鬼脸天蛾发出的声音不尽相同，这是因为不同蜜蜂的声音有所差别，因此鬼脸天蛾发出的不同声音可能是为了应对不同的蜜蜂。

真假雀鲷

我们都听过一个故事叫“披着羊皮的狼”，一匹狼为了吃羊，把羊皮披在身上，混进羊群，结果被羊群的主人发现，将其捉住并吊挂在树上。我还曾嘲笑那匹狼很笨，后来从事动物学研究，才明白，在自然界中，有很多“披着羊皮的狼”，它们的结局和故事里的可大不一样。

拟雀鲷是一种小型的鱼类，体长大约 12 厘米，全世界有十几种，大都颜色鲜艳。有很多人喜欢饲养这种鱼。

动物小档案

- 学名：拟雀鲷（属）
- 门：脊索动物门
- 纲：硬骨鱼纲
- 目：鲈形目
- 科：拟雀鲷科

澳大利亚大堡礁的珊瑚礁里栖息着黄色和棕色的拟雀鲷，它们属于同一物种，主要捕食一种叫雀鲷的鱼的幼鱼。“巧合”的是，雀鲷也有黄色和棕色品种。黄色的拟雀鲷通常生活在黄色雀鲷栖息地附近，棕色的拟雀鲷则与棕色雀鲷做邻居。

雀鲷科种类非常多，小丑▼
鱼就是这个家族的一员

研究人员因此猜测，拟雀鲷的不同颜色是一种拟态行为。为了验证这一点，研究人员为拟雀鲷设置了数个人工珊瑚礁，移入黄色的活珊瑚和棕色的珊瑚残渣，并分别投放不同颜色的雀鲷幼鱼。两个星期后，与棕色雀鲷幼鱼生活在一起的黄色拟雀鲷变成了棕色，而与黄色雀鲷幼鱼为邻的棕色拟雀鲷变成了黄色。珊瑚礁的颜色对拟雀鲷没有影响。

由此可见，拟雀鲷的颜色改变与环境颜色无关，只与同一个环境中雀鲷幼鱼的颜色有关。拟雀鲷的颜色与雀鲷幼鱼相同时，捕食效率比二者颜色不同时高得多。这是由于雀鲷幼鱼可能把相同颜色的拟雀鲷误认为是本物种的成年个体，从而丧失了警惕性。

研究人员的发现揭开了拟雀鲷的“庐山真面目”，它就是一只“披着羊皮的狼”。我们来把它的欺骗伎俩，完整地梳理一遍。

拟雀鲷作为捕猎者，其生存之道是使自己“变身”，它通过调整皮肤中两种色素的比例进行变色伪装，模拟周围雀鲷的颜色，以便接近雀鲷的幼鱼，从而提高捕食的命中率，就像故事里混进羊圈的“披着羊皮的狼”。

拟雀鲷和雀鲷，是猎手和猎物的关系。前者对后者足够了解，后者却对身边的危机没有充分的估计，这导致了雀鲷的悲剧。

拥有珊瑚的气味

动物王国充满了不可思议的拟态行为，既有伪装成树枝或树叶等形态的，也有改变身上花纹、颜色，“易容”成别的动物的样子的。但这些动物的拟态多是“视觉系”的，即通过改变形貌来“欺骗”或“隐身”。可是在动物界，很多物种是色盲或者色弱，它们不依赖眼睛，而是靠着灵敏的嗅觉生存。正所谓一物降一物，果然就有通过模仿气味来进行拟态的动物。

动物小档案

- 学名：尖吻单棘鲀
- 门：脊索动物门
- 纲：辐鳍鱼纲
- 目：鲀形目
- 科：单棘鲀科
- 属：尖吻鲀属

在大海深处，看似平静的珊瑚丛中，危机四伏。一只娇弱的鱼儿（尖吻单棘鲀）在珊瑚丛中寻觅食物，它穿梭其间，发现食物了，满心喜悦地游了过去，准备大快朵颐。可当它吃饱即将游走的瞬间，一张可怕的大口，突然将它卷起！

你一定以为它小命不保吧？结果，它又被吐了出来。咦，明明是到了嘴里的食物，为什么还会放走呢？

这就要来说说尖吻单棘鲀的保命技能了。

作为一种珊瑚礁鱼类，尖吻单棘鲀身上带着色彩明艳的图案，恰好融入它那色彩斑斓的“家”——珊瑚礁中。从外形上看，尖吻单棘鲀浅蓝色的身体上排列着八列亮黄色的斑点，就像是一捧珊瑚，很容易把捕食者蒙骗过去。

但是要做到神乎其神，仅仅外形像珊瑚是不够的，于是尖吻单棘鲀让自己的气味闻起来也像珊瑚。一般来说，食肉动物主要通过嗅觉来探测猎物的位置，有些时候即便被捕食者在视觉上伪装得很好，捕食者也可以根据猎物身上释放的气味进行准确定位，找到猎物。改变气味可以通过饮食实现，而尖吻单棘鲀身上散发的正是它所吃的珊瑚的味道。它利用这股珊瑚味儿将自己深度隐藏，这种气味伪装技能可以使它成功躲避捕食者。

为了研究这种气味伪装，科学家把尖吻单棘鲀、它所吃的珊瑚，以及它的天敌鳕鱼一起放入水族箱中。鳕鱼通常依靠气味来捕获猎物，实验中，尖吻单棘鲀被藏在带有排水孔的容器中，这样一来，鳕鱼虽看不到猎物，却不妨碍它闻到气味。研究人员发现，鳕鱼极少在装有尖吻单棘鲀的容器周围游荡，可见鳕鱼根本就没有发现尖吻单棘鲀的存在。

尖吻单棘鲀的气味伪装可以说到了出神入化的程度。研究人员观察一种以珊瑚为食的螃蟹，让螃蟹在尖吻单棘鲀和它最钟爱的珊瑚之间做出选择，螃蟹竟选择了尖吻单棘鲀。可见，尖吻单棘鲀模仿的珊瑚比真的珊瑚还“真”。

很多无脊椎动物，如毛毛虫，可以从食用的植物中获得化合物，经过吸收和加工，使得自身的外层皮肤散发特殊味道，以便躲避饥饿的捕食者。而在脊椎动物中，用气味来伪装自己的，尖吻单棘鲀是为数不多的一种。

鮟鱇鱼的“钓鱼竿”

西周时期有个姜太公，曾经在渭河用直钩钓鱼，结果引来周文王的注意，后成为周朝的开国功臣。深海中也有一位“姜太公”，它的钓鱼技术也很神奇。

动物小档案

- 学名：鮟鱇（科）
- 门：脊索动物门
- 纲：硬骨鱼纲
- 目：鮟鱇目

我在海洋馆里见过很多鱼，它们大多五颜六色，姿态优美，十分漂亮。可是也有例外，当我看到深海鮟鱇鱼的时候，把我“丑哭了”。鮟鱇鱼的模样简直丑得可怕，它皮肤粗糙，前半截身体像圆盘，后半截身体像细柱子；鼓鼓的眼睛和一根奇怪的“竿”长在头顶上；一张血盆大口，嘴巴里还长着锋利而倾斜的牙，看得出来，如果猎物被咬中，绝不可能逃得掉。总之，如果你是第一次看到它，说不定会以为它来自外星球。

会发光的鮟鱇鱼▲

鮟鱇鱼也许根本不曾在意过自己的相貌，它们生活在海底，最深可达1000米，那里一片漆黑，而鮟鱇鱼却能够发光，就像黑夜中的星星一样。

当我深入了解了鮟鱇鱼，才后悔自己不该“以貌取鱼”。虽然鮟鱇鱼长得丑，可是人家可不靠脸吃饭。

鮟鱇鱼有一项重要的本领，就是“钓鱼”。在海洋中，鮟鱇鱼称得上是真正的钓鱼能手，而且一向执行“姜太公钓鱼，愿者上钩”的原则。

至于钓鱼用具，别担心，它一直随身携带呢——“钓鱼竿”就在它的脑袋上方。这个“钓鱼竿”是由它的第一背鳍变化而来的，长长的，十分柔软灵活，顶端还有一团“钓饵”，正是这团“钓饵”能够一闪一闪地发光。因为“钓饵”内拥有无数发光细菌，鮟鱇鱼给这些细菌提供了一个稳定的存活环境，而作为回报，它们通过发光帮助鮟鱇鱼在漆黑的深海中吸引猎物。

为了更有效地吸引猎物，有的鮟鱇鱼还会用胸鳍在海底挖穴，把自己的身体埋进去一半，使自己和周围的环境融为一体。深海中那些游来游去的动物，猛然在一片漆黑中看到点点亮光，似乎也没有其他异常，便忍不住上前看看，然而，只要走近，就十有八九落入鮟鱇鱼之口。

而凡事都有两面，亮光引来的不仅有猎物，还可能是可怕的敌人。此时，鮟鱇鱼唯一要做的就是把自己发光的“钓饵”塞到嘴里去，越快越好！

不同种类的鮟鱇鱼拥有不同形状的“钓饵”。据科学家研究，这是因为不同鮟鱇鱼的“钓饵”内共生的发光细菌不同。这些细菌是如何在茫茫大海中找到目标，并在鮟鱇鱼身体里面寄生的呢？目前还没有人知道。科学家只知道，在鮟鱇鱼的“童年”时期，就已经有大量的发光细菌寄生了，然后开始大量繁衍，之后就不再有发光细菌找来了。

▼ **找找鮟鱇鱼，体会一下它们的高水平拟态**

还有一种鮟鱇鱼，它们没有“诱饵”，生活在相对浅一些的海水中，身体像一块土黄色的薄饼，在大陆架（即大陆向海底的自然延伸，是被海水淹没的浅水地带）上，它们张着大嘴趴在那儿一动不动。海底总有很多小鱼儿，因为被追逐或受到惊吓而四处逃窜，它们看到了洞穴就拼命钻进去，哪里知道又中了鮟鱇鱼的“守株待兔”计谋——这“洞穴”是鮟鱇鱼的大嘴巴。

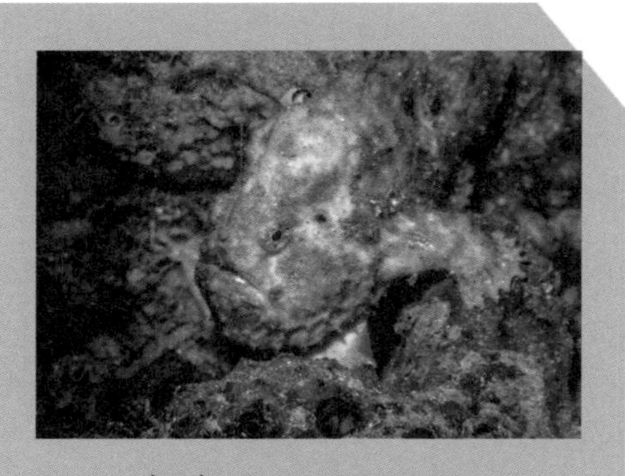

鮟鱇鱼行动缓慢，又不合群，在辽阔的海洋中，雄性鮟鱇鱼找配偶可谓难上加难。在这颗星球上，无论是什么生物，繁衍后代总是头等大事，鮟鱇鱼自然不能免俗。有趣的是，在很长一段时间里，人们发现的鮟鱇鱼都是雌性的，难道鮟鱇鱼的世界是一个“女儿国”？

科学家在研究鮟鱇鱼的时候，发现抓上来的几乎都是雌鱼，而且身上还有一些看起来像是寄生虫的东西。后来的研究证实，这些“寄生虫”其实就是极度退化的雄鱼。雄鱼像寄生虫一样附在雌鱼的身体上，有时候一条雌鱼身上还有好几条雄鱼。科学家发现，雌鮟鱇鱼并不是“一夫一妻”制的，曾有人发现过体侧附着了8条雄鱼的雌鮟鱇鱼——也就是说，它有8个丈夫。

更为神奇的是，鮟鱇鱼中也有异类，有些雄性鮟鱇鱼如果找不到雌性，就会把自己变成一只雌性鮟鱇鱼。

说回雄性鮟鱇鱼，在遇到雌性配偶之后，雄性鮟鱇鱼便寄生在雌性鮟鱇鱼的身体上，为了不给雌鱼增添负担，雄鱼在寄生之后，身体会大幅缩小，甚至能够比雌鱼小上几十倍。雄鮟鱇鱼的运动组织和消化器官严重缩水，只剩下心血管系统和生殖腺。这种为繁殖方式被科学界称为“性寄生”。

需要说明的是，并不是所有的鮟鱇鱼都使用这种繁殖方式。鮟鱇目下的18个科中，只在4个科中发现了这种性寄生的行为。

丽鱼

《西游记》中，唐僧师徒四人来到车迟国，遇到三位道士——虎力大仙、鹿力大仙和羊力大仙。孙悟空与三位道士斗法的时候，曾有一次假死。“监斩官恐怕虚诳朝廷，却又奏道：‘死是死了，只是日期犯凶，小和尚来显魂哩。’”孙悟空大怒，“跳出锅来，揩了油腻，穿上衣服，掣出棒，挝过监斩官，着头一下打做了肉团，道：‘我显甚么魂哩！’”

孙悟空装死演技固然高超，而自然界中，有些动物的装死绝技，恐怕就连孙大圣也要膜拜一番。陆地上的生物装死，通常采用屏住呼吸、降低心跳、倒地不起、翻着肚皮、耷拉脑袋、张开嘴巴、吐出舌头等伎俩，捕食者试探时也尽可能一动不动。而对于一些生活在中美洲的丽鱼（慈鲷）来说，以上那些卖力的演技都过于烦琐，因为它天生就是一副“死样子”，靠“刷脸”就能让别人信以为真。

动物小档案

- **学名：慈鲷（科）**
- **门：脊索动物门**
- **纲：硬骨鱼纲**
- **目：鲈形目**

这类丽鱼的体侧有错综复杂的图案，鲜艳之中带有墨绿色的纹路，看起来就像是身体的一部分正在腐烂。它和陆地动物负鼠、猪鼻蛇一样，是装死的高手。

丽鱼没有健硕的体型，没有锋利的犬牙，也没有逃命的快腿。为了不成为别人的食物，它只好装死避难。丽鱼是怎么“刷脸”的呢？原来，它的鳞片上有非常特殊的墨绿色纹路，当它在水中游动时，远远望去就像是一截随波逐流的烂木头；而当它静止不动时，看起来就像一具已经腐烂的尸体。

丽鱼

捕食者远远望见丽鱼，根本意识不到它是条鱼；而游近一看，原来是一条腐烂的死鱼，胃口便倒了大半，直接掉头就走了。丽鱼用这种方法成功躲过捕猎者，与此同时，装死还能让丽鱼获得食物。腐烂的尸体对于食腐类的鱼儿来说是一大福音，它们一看到“腐烂”的丽鱼，以为可以饱餐一顿了。可是，当它们贪婪地游过来，丽鱼忽然奇迹般地“活”了过来，张开大口，把这些食腐类鱼儿吞进口中。可怜的食腐类小鱼还不知道怎么回事，就成了丽鱼的美餐。

在装死的行当里真可谓“天外有天”，本以为负鼠已经是装死的高手了，没想到丽鱼更胜一筹，时时刻刻都在表演死亡，真不愧是鱼类中的“装死专业户”。

丽鱼“腐烂”的样子

蛇的“遁地术”

▶ 花条蛇

一望无尽的沙漠，常被世人称为“死亡之海”。在沙漠中，只有最坚强、最具耐力、最富生命力的动物才有资格获得生存的权利。沙漠地区的生命遵循自然选择，优胜劣汰，在长期的进化、演替过程中，形成了适应特殊环境条件的能力。它们通过特别的形状和功能器官，以及独特的行为方式，表现出对沙漠环境的适应能力。

动物小档案

- 学名：花条蛇
- 门：脊索动物门
- 纲：爬行纲
- 目：有鳞目
- 科：游蛇科
- 属：花条蛇属

花条蛇是一种有趣而神秘的蛇，它们生活在新疆广阔的戈壁滩或者沙漠中，与人类接触的机会并不多。我在新疆考察的时候曾经遇见过一次。花条蛇身体修长，极为纤细，体长约 80 厘米。它的身体以灰色或者浅棕色为主要颜色，跟戈壁滩土壤的颜色极为相近。它的头部和尾部之间，一共长有 4 道由黑褐色斑点组成的纵向线条。

花条蛇的天敌是棕尾伯劳。花条蛇的御敌之策便是身上的保护色。荒漠戈壁干旱炎热，植被稀疏，广阔的大地上只有零零散散的一些低矮灌木，因此，花条蛇不能像南方的一些蛇类躲进茂密的森林或者灌丛中。此刻，它们身上的花纹派上了用场，这些花纹能让它们与周围环境融为一体。花条蛇在这里如鱼得水，穿行在戈壁滩上，时隐时现，使棕尾伯劳之类的捕食者眼花缭乱。

◀ 花条蛇的天敌——棕尾伯劳

提到蟒蛇，人们往往会想到热带雨林里面那些体长七八米的巨型“怪兽”，相比之下，新疆常见的蟒蛇体型就要小得多了。新疆常见的蟒蛇叫东方沙蟒，它们生活在北疆的沙漠和戈壁地带，数量较多，分布广。在荒漠中生存，东方沙蟒的天敌有很多，高空中的鹰隼时刻盯着它们。为了躲避天敌的袭击，东方沙蟒身上的保护色可以很好地将自己隐藏起来。它们的体色和沙漠地带的土壤非常相似，呈现典型的土灰色，还杂乱点缀着黑色和棕色的斑点，像极了“沙漠迷彩服”，和环境的颜色很好地融合在一起。东方沙蟒的头部和颈部完全没有分界线，整个身体非常粗壮，因此静止不动的东方沙蟒看上去就像一根干枯木棒。此外，东方沙蟒的头部小，形状扁平，像把铲子，能够帮助它们快速潜入沙子下面，而且钝钝的尾巴形状跟头部类似，这会有效地迷惑捕食者，使之很难快速分辨出其真正的头部。

▲ 东方沙蟒

动物小档案

- 学名：东方沙蟒
- 门：脊索动物门
- 纲：爬行纲
- 目：蛇目
- 科：蟒科
- 属：沙蟒属

▼ 棋斑水游蛇

还有些蛇为了应对天敌，学会了装死，比如生活在新疆沙漠地区绿洲湿地的棋斑水游蛇。棋斑水游蛇体长多在 70 至 80 厘米，身体为灰色或棕灰色，布满黑色的斑点，斑点的排列类似于国际象棋棋盘，这也是它们得名“棋斑”的原因。棋斑水游蛇胆小且机警，一旦发现捕食者，它们便会极速蹿入水中；而未能及时逃到水中的,则发出“嘶嘶”的呼气声，声音很大，以此来恐吓捕食者；如果实在无法逃脱，棋斑水游蛇还会使用装死的手法来欺骗捕食者。新疆“野性石河子”

的创始人、动物保护者王瑞曾描述：“它们会将腹部朝上，同时全身肌肉紧绷，模拟动物死后身体僵硬的假象，同时还能将肛门外翻，释放出尸体腐烂后的恶臭气味，能在短时间内将苍蝇吸引来。棋斑水游蛇的嘴巴还会微微张开，口腔内的毛细血管破裂，营造出嘴角带血的场景，此时人类就算用手抓它也不会动弹。”如此高超的装死本领，会让捕食者完全相信眼前是一条已经腐烂发臭的死蛇。

动物小档案

- 学名：棋斑水游蛇
- 门：脊索动物门
- 纲：爬行纲
- 目：有鳞目
- 科：游蛇科
- 属：水游蛇属

▼棋斑水游蛇

沙漠隐士

动物小档案

- 学名：沙蜥（属）
- 门：脊索动物门
- 纲：爬行纲
- 目：有鳞目
- 科：鬣蜥科

沙蜥是荒漠中的居民，我在新疆阜康荒漠生态站曾与之打过交道。那时，我第一次见到沙漠，对里面的一切生物都充满好奇。烈日炎炎，别的动物大多都隐藏起来了，唯有沙蜥在我眼皮子底下晃来晃去。在长期的接触中，我对它有了些了解。

沙蜥，“蜥如其名”，它身体的所有构造都是为了适应沙漠而生的。它头大而平，顶眼发达，利于早晨在洞口吸收太阳能，快速升高体温。为了防风抗沙，沙蜥上下眼睑鳞外缘突出、延长，鼻孔内具有活动的皮瓣，在闭眼时，皮瓣与上下眼睑鳞都能紧密合拢，可防止刮风时沙粒灌入鼻和眼。此外，沙蜥爪尖锐利，足趾适于挖沙，足趾两侧有发达的栉缘，适于在沙地上行走。沙漠中缺水，沙蜥的皮肤具有感受器，能吸收空气中的水分。此外，它们直接从昆虫等食物中获得生理代谢所需水分，排泄尿酸后，直肠能对粪便所含的水分进行重新吸收。

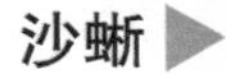

沙蜥

当然，沙漠中生存怎能少得了“隐身术”？沙蜥背部颜色随栖息地基底的颜色而变化，通常是黄灰褐色，和沙漠一个色调。只要它不动，即使就在你的面前，你也很难发现它的存在。这对于捕猎和躲避天敌大有裨益。雄性沙蜥具有鲜艳色斑，头高、头长和尾长均大于雌性，雌性的腹部则明显大于雄性。和雄性相比，雌性沙蜥的体色较暗，具有更好的伪装性。

在繁殖季节，雄性沙蜥的斑纹有利于吸引异性的注意，还能用来相互识别，标志雄性的“地位”，减少雄性个体的求偶争斗。为了避免与同性战斗，减少不必要的伤害和体力消耗，有的雄性沙蜥竟然会模仿雌性，自觉地让自己的体色变暗，以求得“近水楼台先得月”。这些雄性沙蜥节省出了足够的体力，并且创造出更多的与雌性在一起的机会，这大大增加了繁殖机会。

灰中趾虎也生存于新疆沙漠和戈壁地区。我第一次见到灰中趾虎，就被它那硕大的眼睛吸引住了。灰中趾虎没有眼睑，为了保持眼部的湿润，它时常会用舌头来舔舐自己的眼睛。它的瞳孔也会随着光线的变化而变化，光线强烈时，瞳孔会缩小；相反，光线变得微弱时，它的瞳孔会放大，非常神奇。

在广阔的沙漠和戈壁滩中，灰中趾虎显得有些弱小，不过它拥有绝佳的保护色。灰中趾虎的体色为灰色或暗褐色，斑纹略呈纵纹样，与朽木的颜色和纹理十分相似。它的背部以及尾部上方，长有很多突起物，并且有规律地排列着，类似土地表面，使之仿佛是地面或者土壁的一部分。

动物小档案

- 学名：灰中趾虎
- 门：脊索动物门
- 纲：爬行纲
- 目：有鳞目
- 科：壁虎科
- 属：中趾虎属

▼灰中趾虎 王瑞 摄

▲灰中趾虎

和灰中趾虎一样，快步麻蜥也是沙漠中的“隐士”。快步麻蜥是一种体型中等的蜥蜴，体长可达21厘米，因速度快而得名。它在荒漠的灌木丛中来回穿行，人类肉眼完全跟不上它的脚步。据动物保护者王瑞的观察研究，快步麻蜥会因为年龄增长而换上不同的“隐身衣”。

▲ 快步麻蜥

动物小档案

- 学名：快步麻蜥
- 门：脊索动物门
- 纲：爬行纲
- 目：有鳞目
- 科：蜥蜴科
- 属：麻蜥属

幼年时期的快步麻蜥体型较小，外表呈褐色或者深褐色，颈部到身体末端有三至四道醒目的白色纵向条纹，类似于斑马的条纹。如此一来，当它隐藏在杂草堆里时，很难被捕食者发现。但是，这个时期也有弱点，那便是它的尾巴是极其耀眼的鲜红色，非常醒目，往往会第一时间吸引住捕食者的眼球。不过，它依然有应对之策。当捕食者一口咬住它的尾巴时，快步麻蜥能够让尾巴自动断掉（断尾现象）。在肌肉神经的刺激下，断尾还会来回剧烈地扭动，使捕食者得意洋洋，以为可以享受大餐了，而幼体快步麻蜥早已趁机逃之夭夭。幼体快步麻蜥正是利用了“弃卒保帅”的战术，舍弃了尾巴，保住了性命。损失不算太大，不久后，断掉的尾巴还会再生出来。

亚成体时期的快步麻蜥，体型增大，原本深褐色或者黑色的外表逐渐变淡，变成浅褐色或者深灰色，而原本鲜艳无比的红色尾巴也会变成和身体一致的颜色，不再显眼。此时最明显的变化是它们背部的条纹：身体两侧的条纹在此时期会变成带有黑色边框的白色斑点，而身体正中央的条纹还隐约存在，这依旧是极好的保护色。

▲ 蜥蜴中的断尾现象

成年之后的快步麻蜥体型继续增大，身体颜色从亚成体时期的浅褐色或者深灰色，变成了浅灰色。背部的条纹也已经完全消失，取而代之的是杂乱无章的白色斑点。而它身体的两侧，各有一排带有黑框的蓝绿色斑点，非常美丽。这样布满斑点的外表好似豹纹，能够使它们很好地隐匿在杂草丛中，躲过捕食者的眼睛。

变色龙

著名短篇小说家契诃夫在《变色龙》一文中，塑造了“变色龙”——巡警奥楚蔑洛夫。这个人没有自己的立场，见风使舵，当他以为咬人的小狗是普通人家的狗时，就扬言要弄死它并惩罚其主人；当他听说狗主人是地位显赫的将军时就立即转变了态度。

在人类中，这种“变色龙”是令人不齿的，但是在动物界，真正的变色龙因环境变化而变色，却是一种重要的生存手段。变色龙学名“避役”，是爬行纲下的一个科，目前已知约有 160 种变色龙，它们喜欢温暖舒适的环境，例如热带雨林和热带大草原，主要生活在撒哈拉以南的非洲，少数分布在亚洲和欧洲南部。

变色龙

动物小档案

- 学名：避役（科）
- 门：脊索动物门
- 纲：爬行纲
- 目：蜥蜴目

以前的观点认为，变色龙变色是因为体内含有不同颜色的色素细胞。我当时就有些怀疑，变色龙可以变化成这么多种颜色，难道它的体内会有这么多的色素细胞吗？怀疑归怀疑，但没有足够的证据，直到看到 2015 年瑞士科学家的研究成果后，我终于解开了心中的谜团。

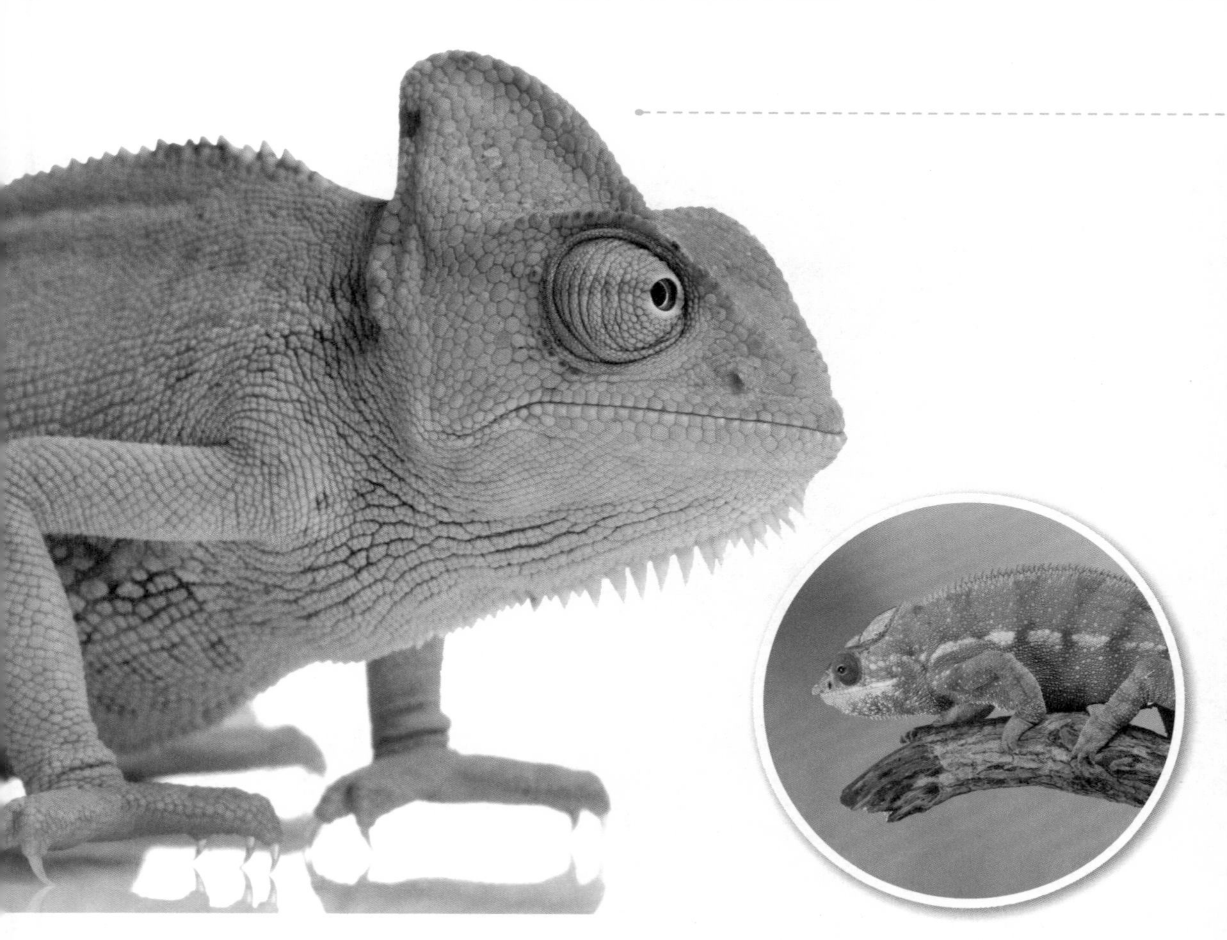

变色龙体内确实含有不同的色素细胞，但是颜色种类并不多，对于变色，它们仅仅是配角。真正的主角是变色龙体内的虹细胞。变色龙的皮肤底下有两层厚厚的相互交叠的虹细胞。这些细胞中含有许多大小不同、形状各异、排列不一的纳米晶体。此外，虹细胞内含有黄色素，在黄色素和纳米晶体的操纵下，神奇的变色开始了。

通过变色与环境融为一体，且利于捕食

一般情况下，我们看到的变色龙是绿色的。

这是因为，变色龙处于平静状态时，虹细胞内的纳米晶体排列紧密，只反射出波长较短的蓝色光。这种颜色被称为结构色，是由于光的散射作用产生的，类似于我们看到的彩虹。这还没完，蓝色的结构色与变色龙体内的黄色素相结合，两种颜色掺杂在一起，都想在变色龙的皮肤上表现各自的颜色，于是各退一步，形成了绿色，此时变色龙的体色便呈现为绿色。而当变色龙紧张时，虹细胞内的纳米晶体变得松散，这样的结构会反射波长更长的光，例如红光、黄光等，然后再和色素细胞结合，会产生更加鲜艳的颜色。这一系列的变化，眨眼之间即可完成。

当变色龙愤怒时，纳米晶体反射什么颜色的光，都起不到作用。变色龙发怒使得体内的黄色素发生膨胀，阻碍下层的光反射出来，因而只呈现黄色。

上层虹细胞帮助变色龙变色，下层虹细胞似乎不参与变色，但它能够控制光的反射量，帮助变色龙反射热量，避免身体过热。

变色龙的身体可以展现出丰富的色彩

变色的能力，不仅可以让变色龙躲过捕食者，还能让它变得更加华丽，从而吓退情敌，获得异性的青睐。

我曾经看过两只变色龙之间的争斗，那是一场“颜色”战争。

一开始进行远距离较量，两只雄性变色龙各自呈现身体的颜色，条纹较明亮的一方主动靠近，前去挑战。而后进行短兵相接，双方接近，脸对脸纠缠在一起。不一会儿就分出了胜负：颜色变亮较快的一方获得最后的胜利。颜色的较量仅仅是表面，身体内部肾上腺素和荷尔蒙的释放速度才是取胜的关键。很明显，颜色迅速变亮的一方，肾上腺素和荷尔蒙的释放速度更快，于是产生更大的力量，助其获胜。

除了自我保护和与同类争斗，变色还是变色龙日常的一种社交手段。变色龙通过变成各种颜色进行交流，它们的身体颜色与其心情和状态有着密切关系。例如，雄性在展示它们的统治地位时，颜色会变得更加鲜亮；雌性对雄性充满敌意，或者不愿意与其交配时，颜色会变暗或者出现红斑；具有攻击性的变色龙体色会变得更暗；当雌性豹变色龙怀有后代时，它的橙色斑纹会变成咖啡色或黑色。变色龙之间互动时，颜色变化非常鲜明而迅速，从一种颜色转变成另一种颜色只需要 20 秒左右。

角叶尾守宫的"易容术"

武侠小说中有一门神秘的易容术。金庸笔下《天龙八部》里的阿朱就是“易容术”高手，她可以将自己变成小和尚，去少林寺偷《易筋经》，还能易容成段王爷，甚至骗过了最为亲近的乔峰。现实中，动物界也有“易容术”高手。

角叶尾守宫学名叶尾壁虎，主要生活在澳大利亚地区。和许多种类的壁虎一样，角叶尾守宫也是昼伏夜出，它们只在夜间进行捕猎。角叶尾守宫个头不大，但是胃口不小。它们几乎能以一切吞得下去的动物为食，包括蟋蟀、苍蝇、蜘蛛、蟑螂和蜗牛等。

不过，角叶尾守宫的天敌也不少，包括一些鸟类、蛇和老鼠。最好的御敌之策是不要被掠食者发现，这就得说到角叶尾守宫的伪装技能了。

我曾在一位朋友家里看他饲养的角叶尾守宫，看了半天，除了一段树枝上的枯叶什么都没有发现。

朋友耐心地给我指出角叶尾守宫的形态，并告诉我，这是头部、这是躯干、那是尾巴。天啊！如果不是朋友的指点，估计我是不可能发现它的。它像极了叶子，全身都像，具体来说就像卷起的树叶，从头部到尾巴，明明就是几片树叶连到一起的样子。不仅形状像，体色更是可以“如假包换”。它背部的细条纹和身体上的皮肤纹理，竟然把叶子的脉络也模仿得惟妙惟肖。白天，它一动不动地悬挂在树枝上，或者隐身于枯叶之间。一些体型较大的个体，会将自己摊平在树枝上，用脚上的刚毛紧密地吸附在树枝的表面。它身体的边缘还具有流苏和褶皱，可以帮助它完美地“抹去”轮廓和阴影，从而隐身在树木间。

▼ 角叶尾守宫

动物小档案

- 学名：叶尾壁虎
- 门：脊索动物门
- 纲：爬行纲
- 目：有鳞目
- 科：壁虎科
- 属：叶尾壁虎属

▲ 角叶尾守宫

更为神奇的是，角叶尾守宫的颜色变化也多得令人难以置信，包括浅褐色、灰色、棕色等，而且还会经常变出类似地衣、苔藓的绿色斑点。这种多样性使它能很好地适应不同的环境。

▲ 与环境完美融合

无论是伪装成树叶，还是隐身于树干，角叶尾守宫都可以有效地躲避一些依靠视力吃饭的掠食者，特别是鸟类。但是百密一疏，它也有被天敌识破的时候，尤其是在移动的过程中，比较容易暴露。

如果遭遇威胁，角叶尾守宫会利用尾巴的反光来迷惑掠食者，让其惧而远之。如果掠食者没被唬住，继续靠近的话，它就会张大嘴巴，发出响亮的警告声。同时，伸出红色的舌头并分泌黏液，做出准备撕咬的动作。要是这些都失败了，它就采取最后的策略——逃跑。这时，它会熟练地跳跃到其他树枝上，或者直直地掉落到地面的落叶中，消失在掠食者的视野中。

★★★★★★

角叶尾守宫的生存像极了我们人类社会，面对激烈的竞争，要想更好地生存，就要掌握多方面的技能。

透明的青蛙

“稻花香里说丰年，听取蛙声一片。”对于蛙，我感觉格外亲切，以前家里承包了一个池塘，每到夏季就可“听取蛙声一片”。蛙属于两栖类动物，成体无尾，卵产于水中，绝大部分通过体外受精繁殖，受精卵在母体外孵化成蝌蚪。蝌蚪用鳃呼吸，变成蛙之后，成体主要用肺呼吸，兼用皮肤呼吸。

动物小档案

- 学名：透明蛙
- 门：脊索动物门
- 纲：两栖纲
- 目：无尾目
- 科：瞻星蛙科
- 属：瞻星蛙属

▼ 玻璃蛙

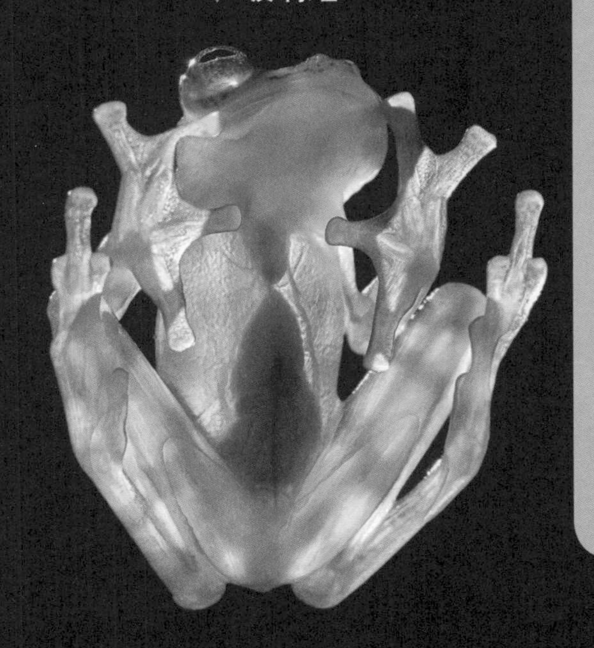

其实，蛙也是自然界中的“隐身大师”。在南美洲的热带雨林中生活着一种“玻璃蛙”，也叫透明蛙，拥有透明的身体组织和半透明的皮肤，就连心脏的跳动也是清晰可见的。玻璃蛙属于瞻星蛙科，全球有 150 多种。透明的外表是玻璃蛙的一种伪装策略，它们属于夜行动物，白天趴在树叶上休息，透明的特性可以使得玻璃蛙与树叶融为一体，避免被天敌发现。

玻璃蛙

躲在暗处的青蛙

在动物界拥有透明的身体是非常困难的，因为动物体内存在黑色素、血红蛋白等能吸收特定波长光线的物质，红细胞携带血红蛋白在身体中循环，使得身体带有颜色。那么玻璃蛙是如何实现身体透明的呢？

美国自然历史博物馆和杜克大学的科学研究发现，玻璃蛙的腹部不含有黑色素，它们身体透明的关键在于红细胞的迁徙，在睡眠时，玻璃蛙的透明度会提升 34%~61%。在睡眠状态下，玻璃蛙 89% 的红细胞都藏到了它们反光的肝脏里，使得身体的透明度提升了 2~3 倍！然而，当玻璃蛙醒来的时候循环的红细胞会重新增加，它的透明度也随之下降。

这些玻璃蛙如同“幽灵”一般，在白天将自己隐藏起来。

还有我们常见的青蛙，虽然不具备透明特性，不过它们可以通过声音的变换来达到某种伪装目的。

青蛙大多时候都安安静静地躲在暗处，不会发出声音，也不会和同类接触。但到了繁殖期，就会成群迁入水域进行生殖活动，发出叫声。有的种类不分日夜都很活跃，尤其下雨天的时候更是兴奋。夏季无人干扰的情况下，大多数的雄性青蛙会发出求偶的叫声，而雌蛙的叫声很少，一般仅会发出求救叫声，国外有少数种类的雌蛙会发出声音回应雄蛙的求偶声。

我曾试图慢慢接近它们，此时会听到一种嘈杂的叫声，这是青蛙驱逐其他雄蛙或打架时发出的叫声。当我走近，被它们发现的时候，这些青蛙把我当成了敌人，紧急发出“叽”的求救叫声，而后潜入水中“避敌”。

不过青蛙也会“说谎”。

如果你经过一个池塘，听到蛙声一片，那你可得听仔细，因为其中可能有一些青蛙是在滥竽充数。雄性青蛙通过叫声来向外界宣告自己的强壮，体型越大的青蛙，叫声就越低沉。一只强壮的雄性青蛙发出的叫声足以威慑其他的雄性同类，让它们不要侵入自己的领地。尽管大部分青蛙都是诚实的，但一些体型较小的雄性青蛙会刻意压低自己的声音，造成自己体型强壮的假象，借此吓退那些本来可以战胜它们的同类。

动物小档案

- 学名：青蛙
- 门：脊索动物门
- 纲：两栖纲
- 目：无尾目
- 科：蛙科
- 属：侧褶蛙属

▼青蛙

“说谎”归“说谎”，大多数时候青蛙的叫声还是比较诚实的。日本研究人员发现，青蛙“合唱”有玄机，单只青蛙实际上是和邻近的其他青蛙稍微错开时间鸣叫的，以使自己的声音不被完全淹没，从而显示自己的存在感和地位。

雀尾螳螂虾的眼睛

见过螳螂，见过虾，可是你知道螳螂虾为何物吗？其实螳螂虾就是皮皮虾的一种别称。有一次，我的鱼缸里来了一位不速之客，潜伏了很长时间，应该是随着珊瑚混进鱼缸的。最开始“只闻其声，不见其虾”，只有缸里时不时传出的“哐哐”敲击声可以证明它的存在。到后来，它的胆子变大了，白天开灯的时候偶尔也能见到它在石缝里探头探脑，它身体如圆珠笔粗细，通体墨绿色，点缀着些许花纹，形态很像皮皮虾，但体色与我们平时吃的皮皮虾有很大区别。后来了解到，它名叫雀尾螳螂虾。

▲ 雀尾螳螂虾

动物小档案

- 学名：雀尾螳螂虾
- 门：节肢动物门
- 纲：软甲纲
- 目：口足目
- 科：齿指虾蛄科
- 属：齿指虾蛄属

这条鱼可能是先遭受了雀尾螳螂虾的“重拳出击”，再被吃掉的

雀尾螳螂虾与虾、龙虾都有亲缘关系，因其利用附肢捕食的动作极像螳螂而得名。若论起辈分来，雀尾螳螂虾和恐龙可是同时代的。恐龙灭绝了，而雀尾螳螂虾却“开枝散叶，子孙满堂”，现存300余种，其中绝大多数生活于热带和亚热带。中国沿海也有，南海种类最多，已发现80余种。

雀尾螳螂虾可是一员“猛将”。遇到敌对者时，它会用强大的“钳子”发动攻击，它的“钳子”可击碎玻璃，甚至夹断人的指头。它的身体下面藏有一对能以时速60千米的速度出击的“锤”，当它攻击猎物时，可以在十万分之一秒内将“锤”弹射出去，猎物受到的冲击力相当于被60千克的重物砸到，瞬间由摩擦产生的高温甚至能让周围的海水冒出电火花。

雀尾螳螂虾的眼睛

我之所以没有察觉雀尾螳螂虾随着珊瑚混进鱼缸，这是因为它有超强的隐身能力。雀尾螳螂虾幼体能够在深海环境中存活，主要是依赖隐身技能。它们处于发育阶段时，面对天敌毫无抵抗能力，所以只能将自己隐藏起来，避免被掠食者发现。

我发现雀尾螳螂虾幼体不但呈现出半透明的身体，还有一双透明的眼睛——这是隐身的关键因素。事实上，多数深海小型生物的眼睛都是不透明的，那为何雀尾螳螂虾却拥有透明的眼睛呢？

我查看了最新的研究成果，原来雀尾螳螂虾幼体的眼睛具有特殊的反光能力，其眼球中心的球状视网膜仅反射特定的光线。深海中漆黑一片，每当发光生物靠近时，雀尾螳螂虾眼睛中的微小镜面结构能够帮助它把微弱的光从四面八方散射出去，而不反射到天敌的眼睛里，这样天敌就看不到雀尾螳螂虾身上反射的光了。雀尾螳螂虾以此迷惑天敌，让其“视而不见”。

不查不知道，一查吓一跳。雀尾螳螂虾的眼睛还别有用处！它的一对茎状眼睛是动物中极复杂的目镜传感器之一。人类和蜜蜂的眼睛里仅有 3 种光感细胞，而雀尾螳螂虾的眼睛里有 12 种光感细胞，个别种类甚至达到 16 种！雀尾螳螂虾的每一种光感细胞都能帮助它识别各种光线，比如人类不能识别的红外光、紫外光和偏振光。这样的能力，有助于雀尾螳螂虾在五颜六色的珊瑚礁中更快速地发现朋友、敌人及猎物。可以说，雀尾螳螂虾拥有动物界结构极为复杂的眼睛和极佳的视力！

除了超强的隐身能力和敏锐的视觉，雀尾螳螂虾还能通过发出色彩鲜艳的荧光来恐吓敌对者或者吸引异性。

微信/抖音扫码
添加AI动物翻译官
☑ 动物解码大师
☑ 动物百科讲解
☑ 动物常识测试
☑ 动物高清大图

海葵虾

有感于雀尾螳螂虾的神奇，我对海洋里的虾类产生了浓厚的兴趣。不久，又有一位新成员加入了我的鱼缸，它便是海葵虾。

海葵虾分布在西太平洋和印度洋，以及东太平洋至大西洋之间的广大区域，喜欢和海葵共生，经常在水深 10~20 米下的岩礁群成群出没。海葵虾身长约 1.5 厘米，身体淡褐色，头胸甲、腹部都有白色环状斑纹。

动物小档案

- 学名：海葵虾
- 门：节肢动物门
- 纲：软甲纲
- 目：十足目
- 科：藻虾科
- 属：托虾属

在海洋世界中，海葵虾作为小小的虾类的一员，是很多食肉动物的捕食对象。为了生存，海葵虾几乎把隐身的技能发挥到了极致。海葵虾的器官、血液和其他体液，可以呈现半透明状态。

海葵虾 ▶

科学家发现，海葵虾隐身的奥秘就在于其对体内血液的把控上。当它静止下来需要隐身的时候，仅仅只通过一根主血管向胃部输血，其他的血管则处于静止状态，肌肉的纤维周围没有血液。这样一来，身体的肌肉纤维会使光朝着同样的角度弯曲，从而可以让光轻而易举地通过，所以海葵虾看上去呈半透明状。

▲ 半透明的海葵虾

但是，海葵虾的隐身能力不是万能的。当它们运动的时候，或者因为天敌靠近而被迫逃跑的时候，“隐身的外衣”就失灵了。受到惊吓后，海葵虾会打开更多血管，使血液围绕所有肌肉纤维。这样一来，血液散射的光线和肌肉纤维散射的光线角度不一致，海葵虾的身体透明度会大大降低，身体颜色会变成浑浊的状态。海葵虾颜色的变化类似于冰和雪。我们知道，冰和雪都由水构成，均不含吸光的色素。冰的表面是平整的，透光性好，光线能直接穿过冰块；但是雪的表面是不平整的，有许多小冰晶，能让光线从不同方向散射，所以看上去是不透明的。海葵虾关闭许多血管后，光线就能直接穿过它的身体；而当血管打开后，血管会挡住光线，并且散射到各个方向，所以看上去就不透明了。

另外，其生活水域的含盐水平变化，也会使海葵虾变得不那么透明。

由此可见，即便是再厉害的伪装高手，也存在弱点。

装饰蟹

人类无法通过身体的自我调节来实现隐身，不过聪明的人类发明了各种迷彩服来伪装自己，尤其是在野战军队中，战士们通过各种乔装打扮，来达到隐身的目的。其实，有些蟹类也具备乔装打扮的本领，它们虽然说不上有什么独特之处，可是它们乔装装扮之后，可以融入环境中，很难被发现。它们会把生物或非生物材料往自己身上“穿”，打扮得让天敌认不出原来的样子，这类蟹被称为装饰蟹。

动物小档案

- 学名：钝额曲毛蟹
- 门：节肢动物门
- 纲：软甲纲
- 目：十足目
- 科：蜘蛛蟹科
- 属：曲毛蟹属

钝额曲毛蟹是装饰蟹中的伪装高手，它们在栖息场所可得到的材料，如海绵、藻类、海鞘、碎贝壳和沙粒，都能轻易地往自己身上“穿戴”。钝额曲毛蟹将整个身体背面附满各种杂物后，静止不动，很容易让天敌误认为它是一团垃

钝额曲毛蟹

圾。如果把它们身上的附着物去除干净，会发现它的甲壳表面长满了钩毛，这就是为什么它身上能够附着这么多东西的原因。有的钝额曲毛蟹停留在藻丛中，会附着与栖息场所相同种类的海藻，全身与栖地背景融合，伪装得相当成功。用藻类作为装饰的材料，肚子饿时还可以拿下来吃，欺敌护身之余，又能储备粮草，可谓一举多得。

动物小档案

- 学名：绵蟹
- 门：节肢动物门
- 纲：软甲纲
- 目：十足目
- 科：绵蟹科
- 属：绵蟹属

绵蟹天生有利用海绵的本领，它用口部及螯足将海绵巧妙地进行修剪，变成一件“外套”披在身体上，从背面看，整个身体都被遮蔽起来。对许多海洋生物来说，海绵是味道很不好的食物，绵蟹披着这种没人愿意接近的天然防护衣，安全感可以说很强了。

不仅如此，绵蟹甚至还会将有刺鼻气味或含有有毒成分的物品披在身上，让捕食者对它们失去兴趣。

装饰蟹家族中可谓“高手如云”，它们利用周围触手可及的材料来伪装自己，使“装饰物”形成一个覆盖层。还有些装饰蟹把有毒的海葵放在自己足上，借来防御敌人的攻击。不得不说，这样的生存策略真是太厉害了！

▲ 绵蟹

不过，绵蟹的海绵防护衣不会滑掉吗？

原来，绵蟹的壳上覆盖着“魔术贴”一样的毛，能够帮助它们将海草、海绵、海葵、珊瑚和其他物品挂住。此外，绵蟹后面两对足是往背面上方生长的，而且指爪更是特化成尖锐的弯钩与夹子，能牢牢抓住海绵防护衣，到处跑也不会掉。如此一来，绵蟹就能融入背景，或者看起来像是其他物体了。

模仿不同动物的章鱼

海洋世界精彩纷呈，我总是忍不住跑到海洋馆，隔着巨大的玻璃，欣赏美丽的鱼群和珊瑚礁。有时，会发现水中的礁石在漂移！定睛一看，原来是一条章鱼正运用它的“隐身大法”，行走在珊瑚礁之中。

章鱼不仅可以改变皮肤的颜色，还可以改变纹理和质地，与周围环境融为一体。章鱼在短短几秒钟内，就能成功伪装。它是怎么做到的？

▲ 章鱼隐身

原来，章鱼表皮下方长有数以千计的色素细胞，可用来调节皮肤的颜色。章鱼的皮肤分为3层：色素层、虹彩层、白色层。最外面的是色素层，其中含有很多色素囊，每一个色素囊周围都有一圈肌肉，只要肌肉一起用力收缩，小的色素点就会被拉成很大片的色块；中间的是虹彩层，由细胞水平排列成很多薄层，在神经信号刺激下，薄层通过调整角度和厚度，反射出很亮的光泽；最底下的是白色层，这一层的细胞里有超白的反光蛋白，可以反射几乎所有可见光。在色素细胞的调控下，章鱼有3种基本套色，分别称作均匀型、杂色型还有块裂型。

除了改变颜色，章鱼还可以利用一系列神经来调节色素细胞，使颜色的亮度发生改变。它们还可以控制皮肤上的突起，使皮肤的质地、纹理也发生改变，与周围环境完美融合。它们一般躲藏在坚固的珊瑚或礁石之间，如果被发现，会迅速现身，并膨胀身体，使自己看起来更有威慑力。

章鱼喜欢独来独往，而其变色能力一般被认为是用作躲避猎食者。不过有科学家发现，当章鱼之间出现争端时，它们也会变色，显示心情。当一只浅色的章鱼发现另一只章鱼变深时，它也会变深以回应；“战斗”过后，颜色又开始变浅。这种行为一般出现在雄性章鱼身上，估计与争夺领土有关，但也有可能是章鱼的社交方式。

动物小档案

- 学名：拟态章鱼
- 门：软体动物门
- 纲：头足纲
- 目：八腕目
- 科：蛸科
- 属：拟态章鱼属

相比于普通章鱼的隐身能力，拟态章鱼才是真正的伪装大师，它可以模仿不同的物种。见识了拟态章鱼后，我对于动物的拟态行为有了新认识。

▼ 拟态章鱼

拟态章鱼一直到1998年才在印度尼西亚苏拉威西岛的河口水域被发现。它通常生活在有贝壳、虾蟹的水深15米以下的河口水域。这类水域也是大型觅食者，比如鲨鱼喜欢光顾的地方。拟态章鱼本身无骨、无刺、无毒，其生活水域附近也没有躲避之地，如果没有独特的生存策略，在这里根本不可能存活下来。

乍一看，拟态章鱼其貌不扬，长约60厘米，有8只触手，全身有黑白相间的条纹。但别忘了，它是自然界中的顶级伪装高手，在1秒之内就能让自身与任何背景颜色相一致，尤其擅长模仿其他动物。它能模仿至少15种动物，包括海蛇、蓑鲉、比目鱼、海星、蟹、贝、刺鲀、水母、海葵和皮皮虾等。而且它还能“对症下药”，例如，它被鱼攻击时，就会模拟成鱼的天敌——海蛇。

拟态章鱼为何这么厉害？

拟态章鱼身体柔软，可以随意改变形状，它甚至能够通过改变肌肉结构来改变皮肤的构造，从而更好地模拟其他生物。如同我们玩的橡皮泥，要足够柔软才能被捏出不同的造型，如果硬邦邦的，很难塑造出不同的形状。

▼模仿蛇的拟态章鱼

仅仅能摆出造型是不够的，颜色相符才可以。就像我们用泥巴捏出个“大公鸡”，涂上颜色才更加逼真。拟态章鱼变色的奥秘是它的身体里有数万个由肌肉网络来控制的色袋（也叫“色包”），色袋含色素。放松或收缩色袋，拟态章鱼就可以随意改变自身的颜色了。

通过改变颜色、皮肤构造，一条拟态章鱼片刻间就能从珊瑚礁中“消失”。

比如，它可以把自身的颜色变成狮子鱼（蓑鲉）斑纹的颜色，然后尽情展开它的 8 条触手，就像狮子鱼有毒的背刺。它也可以藏在海底沙堆的顶部，触手呈“之”字形伸展，变成一条巨大有毒的海蛇的模样。这造型，让捕食者见了怎会不害怕？

拟态章鱼的“消失大法”▲

令人惊奇的是，拟态章鱼本身也是其他动物的模仿对象。在印度尼西亚的近岸水域，有一种大理石色彩的鱼，名为后颌鱼，是比较胆小的物种，它能够模仿拟态章鱼的触手图案，平时躲藏在拟态章鱼的触手周围，以保护自己。看来，拟态章鱼是公认的强者了，不然怎么会有小鱼把它当作保护伞呢！

换装墨鱼

“除了令狐冲之外，众人都认得这人明明便是夺取了日月神教教主之位、十余年来号称武功天下第一的东方不败。可是此刻他剃光了胡须，脸上竟然施了脂粉，身上那件衣衫式样男不男、女不女，颜色之妖，便穿在盈盈身上，也显得太娇艳、太刺眼了些。这样一位惊天动地、威震当世的武林怪杰，竟然躲在闺房之中刺绣！”这段正是金庸先生武侠小说《笑傲江湖》中对东方不败的描述，东方不败为修炼《葵花宝典》，阴阳颠倒，变得“不男不女”。

▲乌贼

大千世界，无所不有。科学家在澳大利亚东海岸发现了一种墨鱼（学名乌贼），此墨鱼非比寻常，它竟有着和东方不败类似的特点。平日里看不出异常，但是到了求偶期，这种墨鱼就变得“不男不女”，它将自己身体的两面变成截然不同的样子，一面雌性，另一面是雄性。

动物小档案

- 学名：乌贼（科）
- 门：软体动物门
- 纲：头足纲
- 目：乌贼目

原来，在这种墨鱼的世界，雌雄比例严重失调，雄多雌少，这意味着雄性间要进行激烈的竞争。在繁殖季节，众多雄性墨鱼都想找配偶，繁衍自己的后代，但谁能在这激烈的竞争中脱颖而出呢？

雄性墨鱼在战斗

为了取得异性的欢心，雄性墨鱼要下一番功夫。墨鱼的世界以强壮为美，因此雄墨鱼在心仪的对象面前会尽可能地表现自己“强健有力”的一面。可是这样一来，也有一个问题，那就是一只雄性墨鱼这么高调地表白，其他雄性墨鱼也会看到，这样“情敌”们就会蜂拥而至，争夺这位“窈窕淑女”。这样一来,众多雄性墨鱼必有一番打斗，甚至会“头破血流”。

所以，找到心仪的对象后，想要表白的雄墨鱼必须想个法子，既要让异性看到自己高大英俊的形象，同时又不能引起同性竞争者的注意。该怎么做呢?

▼雄性墨鱼求偶时会变得鲜艳

图书在版编目（CIP）数据

你好，动物翻译官 / 赵序茅著．—广州：广东人民出版社，2024.8

（明见·少年科学教育系列）

ISBN 978-7-218-17438-9

Ⅰ.①你…　Ⅱ.①赵…　Ⅲ.①动物—少年读物　Ⅳ.①Q95-49

中国国家版本馆CIP数据核字（2024）第057059号

NIHAO, DONGWU FANYIGUAN

你好，动物翻译官

赵序茅　著

版权所有　翻印必究

出 版 人：肖风华

责任编辑：李力夫
责任技编：吴彦斌
装帧设计：WONDERLAND Book design 仙境 QQ:344581934

出版发行：广东人民出版社
地　　址：广州市越秀区大沙头四马路10号（邮政编码：510199）
电　　话：（020）85716809（总编室）
传　　真：（020）83289585
网　　址：http://www.gdpph.com
印　　刷：三河市中晟雅豪印务有限公司
开　　本：787mm×1092mm　1/16
印　　张：30.5　　字　　数：360千
版　　次：2024年8月第1版
印　　次：2024年8月第1次印刷
定　　价：168.00元（全4册）

如发现印装质量问题，影响阅读，请与出版社（020-85716849）联系调换。
售书热线：（020）87716172

在长期的进化中，准备求偶的雄性墨鱼能够将身体的另一面变成雌性，把冷漠的一面展示给其他雄性，以此来迷惑潜在的竞争者。其他雄性墨鱼看到后，以为这是一只没有交配愿望的雌性，只好打消求偶的念头。而与此同时，它身体的另一面却是色彩鲜艳的，展示给异性，以此吸引其注意力。

当然，雄性墨鱼仅仅会在身边有其他同性的时候才会展现出这独特的技能。假如它和雌性墨鱼独处，就可以大大方方地享受恋情，没必要开启这种“双面”模式。若是身边有过多的雄性墨鱼，或者雌性墨鱼多于一只的时候，它往往会陷入尴尬，因为此刻它也拿不准应该拿哪一面对着谁了。

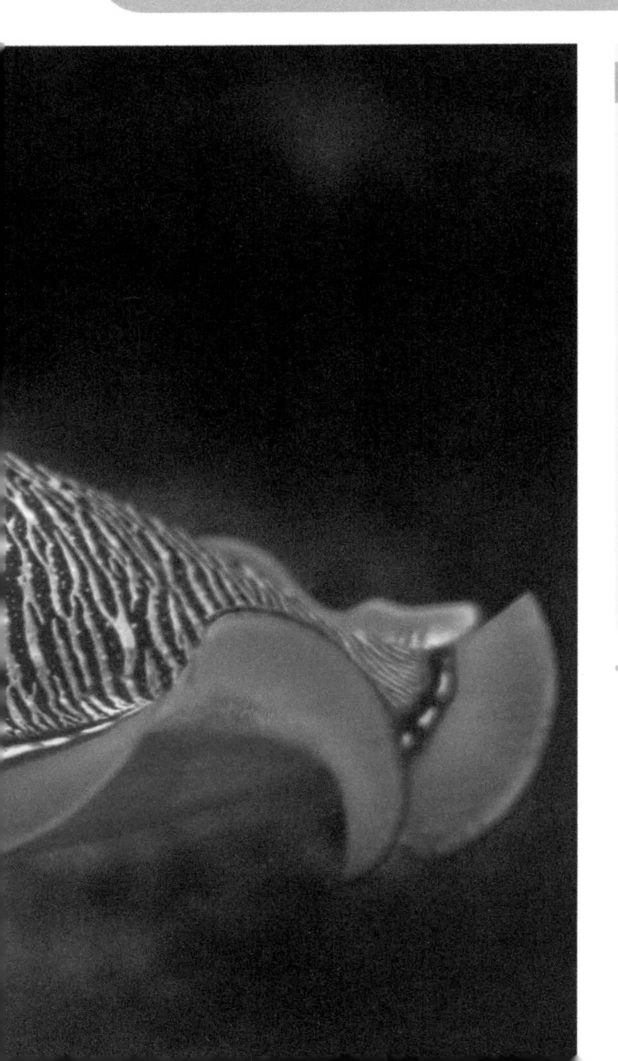

★★★★★★

东方不败与换装墨鱼，虽然都表现出“不男不女”，可是其目的和结局却大相径庭。东方不败是为了权倾天下，武林独尊，虽然练成了绝世武功，可是他不理教务，放任奸佞，最后落得个众叛亲离，死于非命。相比之下，墨鱼的拟态行为是遵循优胜劣汰的自然规律的，对动物来说，繁衍后代一直是本能和使命。不同的目的，自然造就了不同的结局。